Observações geológicas em
Ilhas Vulcânicas

CHARLES DARWIN

Prefácio e Tradução: Leandro V. Thomaz

São Paulo

2015

Título do original: Geological observations on the volcanic islands, visited during the Voyage of H.M.S. Beagle. Together with some brief notices on the geology of Australia and the Cape of Good Hope. 1844.

Revisão ortográfica: Marcus Macsoda Facciolo

Capa: Adrian Doan Kim

Revisado conforme o Acordo Ortográfico da Língua Portuguesa de 1990, em vigor no Brasil desde janeiro de 2009.

Dados Internacionais de Catalogação na Publicação (CIP)
(Câmara Brasileira do Livro, SP, Brasil)

Darwin, Charles, 1809-1882.
    Observações geológicas em ilhas vulcânicas /
Charles Darwin ; prefácio e tradução Leandro V.
Thomaz. - São Paulo, SP : Ed. do Autor,
2015.

    Título original: Geological observations on
the volcanic islands, visited during the Voyage
of H.M.S. Beagle
    Bibliografia.

    ISBN:978-85-920177-1-2

    1. Expedição Beagle - (1831-1836) 2.Geologia
- América do Sul 3. Recifes de coral e ilhas
4. Vulcões I. Thomaz, Leandro V.. II. Título.

15-09489   CDD-551

    Índices para catálogo sistemático:

    1. Geologia 551

Observações geológicas em

Ilhas Vulcânicas,

visitadas durante a viagem do H.M.S. Beagle, junto com breves notícias da geologia da Austrália e Cabo da Boa Esperança.

Segunda parte da geologia da viagem do Beagle, sobre o comando do Capitão Fitzroy, R. N.

Durante os anos de 1832 a 1836.

CHARLES DARWIN

vice-presidente da sociedade geológica e naturalista da expedição.

Prefácio e Tradução: Leandro V. Thomaz

São Paulo

2015

Sumário

PREFÁCIO

O livro *Observações geológicas em ilhas vulcânicas*, de Charles Darwin, revela-nos o lado geológico desse naturalista, uma faceta pouco conhecida de uma das mentes mais geniais da nossa história.

Em 1831, quando iniciou sua viagem no Beagle, Darwin saiu em busca de evidências de um grande dilúvio bíblico[1]. No entanto, durante essa viagem, as observações geológicas fizeram com que ele compreendesse a Terra de uma forma mais complexa, sujeita a grandes modificações em sua superfície. Essa compreensão, associada à leitura de *Principles of Geology*, de Charles Lyell, implicou na incorporação do tempo geológico em seus pensamentos. Um planeta com um longo histórico de transformações foi um quesito essencial para a construção da teoria da "origem das espécies", com a qual ficou mundialmente conhecido.

A geologia teve um papel muito importante por despertar em Darwin, pela primeira vez, a vontade de escrever um livro[2]. Isso ocorreu em Santiago, no arquipélago do Cabo Verde, após Darwin compreender a evolução geológica dessa ilha, em especial sobre o vulcanismo que ocorrera após a subsidência em torno das crateras.

Publicado originalmente em 1844, oito anos após o seu regresso a Londres, este livro está recheado de observações geológicas das ilhas visitadas. Contém descrições detalhadas sobre a geomorfologia das ilhas e de suas variedades litológicas, faciológicas e texturais. As argumentações sobre a origem dos magmas, os processos de diferenciação das lavas, ambientes de vulcanismo, distribuição das ilhas oceânicas, além dos processos de soerguimento em massa e subsidência das ilhas oceânicas, colocam Darwin em uma posição de destaque na ascendência da geologia e, com este livro,

---

[1]Herbert, S. 2005. *Charles Darwin, geologist*. Cornell University Press. 485 p.

[2]Darwin, C. 2000. *Autobiografia*. Ed. Contraponto. 127 p.

particularmente nas áreas da petrologia ígnea e vulcanologia. Muitas dessas observações e interpretações só foram compreendidas e incorporadas no meio científico após mais de um século.

Darwin esteve no, atualmente brasileiro, Arquipélago de São Pedro São Paulo (St. Paul's Rock), onde percebeu que esse pequeno afloramento de rochas, no meio do Oceano Atlântico, fugia dos padrões conhecidos. Até então as ilhas conhecidas, francamente oceânicas, eram constituídas por rochas vulcânicas e carbonáticas associadas e eram interpretadas como formadas inicialmente por erupções vulcânicas. De forma oposta ao senso comum, Darwin concluiu que esse arquipélago não possuía natureza vulcânica e que sua classificação era desconhecida. Somente com o conhecimento atual sobre tectônica de placas é que finalmente compreendemos essas rochas e sua origem não vulcânica preconizada. Nesse arquipélago, algo completamente anômalo aflora: uma lasca da litosfera oceânica contendo rochas mantélicas[3] soerguidas a mais de 4.000 metros acima do leito marinho, em uma zona transformante.

Nesse exemplo é ressaltada a capacidade de Darwin de observação e descrição desvinculada de teorias preconcebidas. Em vez de interpretar essas rochas como variedades vulcânicas desconhecidas, Darwin deu um grande valor ao fato de elas serem infusíveis sob seu maçarico, ou seja, altamente refratárias, incompatíveis portanto com as rochas vulcânicas.

O pensamento científico de Darwin baseava-se em uma sequência de observação, comparação, formulação de hipóteses e validação. Essa metodologia científica enraizada era utilizada em todas as áreas das ciências naturais. A sua base consistia em adquirir

---

[3] Motoki, A., Sichel, S. A., Vargas, T., Szatmari, P., Sial, A. N., Baptista Neto, J. A., Brehne, I., Motoki, K. F., Ribeiro, A. K. 2015. "Exumação das rochas mantélicas no Arquipélago de São Pedro e São Paulo, Oceano Atlântico Equatorial, e sua implicação na possível geração de hidrocarbonetos abiogenéticos por serpentinização". *Anuário do Instituto de Geociências* – UFRJ. Vol. 38-1, p. 5-20.

o máximo de observações detalhadas possível, para em seguida compará-las e criar uma hipótese. Em um parágrafo é possível notar esse sequenciamento:

"O fato de as ilhas oceânicas serem geralmente vulcânicas é, também, interessante em relação à natureza das cadeias de montanhas sobre nossos continentes, os quais em comparação são raramente vulcânicos; e ainda somos levados a supor que onde nossos continentes agora permanecem um oceano uma vez se estendeu. Nós poderíamos perguntar: as erupções vulcânicas alcançaram a superfície mais facilmente através de fissuras, formadas durante os primeiros estágios de conversão do leito marinho em um pedaço de terra?".

Nesse parágrafo percebe-se que Darwin, em sua volta ao mundo a bordo do Beagle, absorveu informações suficientes sobre a natureza predominantemente vulcânica das ilhas em comparação à natureza das cadeias de montanhas. Fica evidente também que, mesmo anteriormente ao conhecimento sobre a tectônica de placas, Darwin já admitia que os continentes poderiam se localizar (ou se formar) onde anteriormente existia um oceano. E, dessa forma, percebemos a sua visão de um planeta sujeito a modificações contínuas em sua superfície.

Essas modificações na superfície ficaram também evidenciadas por meio dos diferentes níveis de erosão que se encontram nessas ilhas. Darwin visitou ilhas vulcânicas ativas, como no Arquipélago de Galápagos, e ilhas com um nível de erosão maior, como Fernando de Noronha. Nas ilhas com maior nível de erosão Darwin identificou rochas "injetadas", as quais ele associava com a "elevação de terra em massa". Ele interpretava que esse material fundido poderia atingir ou não a superfície. Por conta dessa facilidade de as erupções vulcânicas alcançarem mais facilmente a superfície através do leito marinho, Darwin acreditava que uma das causas para o soerguimento dos continentes estaria relacionada à injeção de rochas fundidas abaixo das cadeias de montanhas que não atingissem a superfície. Interessante também é que essas interpretações ocorreram em uma época em que a teoria vigente, defendida por Abraham Werner, concebia que os granitos eram formados pela precipitação em um "oceano primordial".

A concepção geológica de que as ilhas vulcânicas são formadas isoladamente dos continentes possibilitou a Darwin defender que os processos migratórios e de seleção natural seriam os responsáveis pelo pequeno número de espécies que habitam essas ilhas, e sua alta proporção de espécies endêmicas[4], da qual Galápagos é o principal exemplo. A inexistência de acessos terrestres, inclusive no passado geológico, é apontada como uma das responsáveis pela ausência de classes inteiras de animais. A grande maioria dessas ilhas vulcânicas não possuía mamíferos terrestres e batráquios (rã, sapos e salamandras) por não sobreviverem à migração marítima, embora esses ambientes sejam propícios a tais animais, contrariando portanto a teoria de criação independente.

A geologia teve um papel importante para as teorias de Darwin e de forma equivalente ele teve grande valor na origem da geologia como ciência. É fascinante que tantas áreas das ciências naturais tenham uma origem tão em comum, como as espécies que descendem de um mesmo ancestral.

Leandro V. Thomaz

Outubro/2015

---

[4]Darwin, C. 2010. *A origem das espécies*. [tradução: Eduardo Nunes Fonseca]. São Paulo. Editora Folha de S. Paulo. Título original: *On the Origin of Species by Means of Natural Selection, or the Preservation of Favoured Races in the Struggle for Life*, de Charles Robert Darwin. 1859.

CAPÍTULO I

Santiago, Arquipélago de Cabo Verde

Rochas da última série. – Um depósito sedimentar calcário, com conchas recentes, alterado pelo contato com a lava sobreposta, sua horizontalidade e extensão – Erupções vulcânicas subsequentes, associada com material calcário em uma forma terrosa e fibrosa, e frequentemente encaixada com células separadas de escória – Orifícios de erupção antigos e obliterados de pequeno tamanho – Dificuldade em seguir derrames recentes de lava em uma planície nua – Colinas interiores de rochas vulcânicas mais antigas – Olivina decomposta em grandes massas – Rochas feldspáticas abaixo dos estratos basálticos – Estrutura uniforme e formato das colinas vulcânicas mais antigas – Forma dos vales próximos à costa – Conglomerado atual formando sobre a praia.

A Ilha de Santiago estende-se na direção NNW a SSE, com comprimento de trinta milhas por aproximadamente doze de largura. Minhas observações, feitas durante duas visitas, foram confinadas à porção meridional dentro da distância de poucas léguas a partir de Porto Praya. A cidade vista a partir do mar apresenta um traçado variado: colinas cônicas aplainadas com coloração avermelhada (similar à Red Hill, veja na xilogravura),[5] e outras menos regulares, com topos planos, e uma coloração negra (similar a A, B, C) que se erguem a partir de planos sucessivos de lava escalonados. A alguma distância, uma cadeia de montanhas, com muitos milhares de pés de

---

[5] O contorno da costa, a posição dos vilarejos, riachos, e a maioria das colinas presentes na xilogravura, são copiadas a partir da carta feita a bordo do H.M.S. Leven. As colinas com topo quadrado (A, B, C, D) são colocadas meramente a olho, para ilustrar a minha descrição.

altura, cruza o interior da ilha. Não existe vulcão ativo em Santiago, e somente um no grupo, chamado Fogo. A ilha desde que inabitada não sofreu com terremotos destrutivos.

As últimas rochas expostas na costa próxima a Porto Praya são altamente cristalinas e compactas; elas aparentam ser antigas, submarinas, com origem vulcânica; são cobertas por meio de uma inconformidade por um depósito de calcário fino, irregular, com abundantes conchas do período terciário, e esse depois é capeado por uma lava basáltica em um amplo derrame, que foi formado por sucessivos fluxos a partir do interior da ilha, entre as colinas com topo quadrado marcadas como A, B, C. Derrames de lava ainda mais recentes tem sua erupção a partir de cones disseminados, como Red Hill e Signal Post. O estrato superior da colina com topo quadrado está intimamente relacionado pela composição mineralógica e em outros aspectos, com a última série das rochas da costa, com a qual apresenta ser continua.

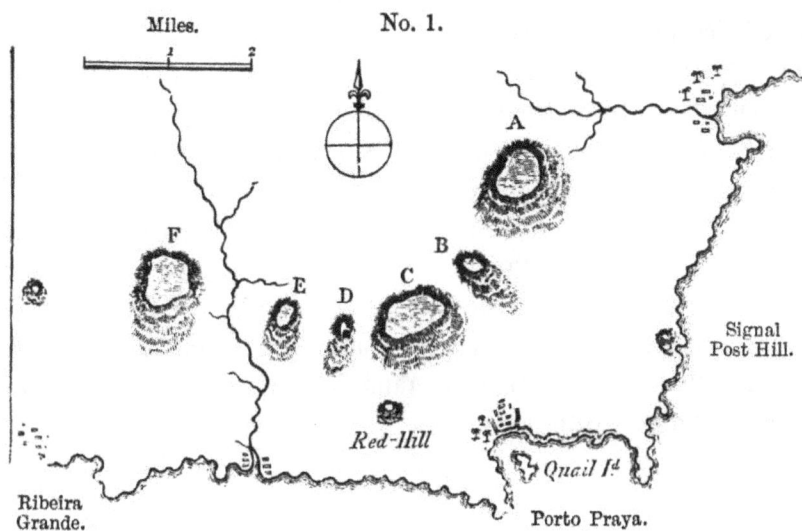

No. 1. Parte de Santiago, uma das ilhas do Cabo Verde.

Descrição mineralógica das rochas da última série. Estas

13

rochas apresentam uma característica extremamente variável; elas consistem de bases basálticas de cor preta, marrom e cinza, com numerosos cristais de augita, hornblenda, olivina, mica e algumas vezes feldspato vítreo. Uma variedade comum é quase completamente composta por cristais de augita com olivina. A Mica é descrita e raramente ocorre onde augita é comum; mesmo provavelmente nesse caso existe uma exceção, a mica (ao menos em meu melhor espécime caracterizado, em que um nódulo desse mineral com aproximadamente metade de uma polegada), é tão perfeitamente arredondada como um seixo em um conglomerado e evidentemente não foi cristalizada na base, na qual agora está incluída, mas tem sua origem a partir da fusão de algumas rochas preexistentes. Essas lavas se alternam com tufos, amigdaloidais e wacke e em alguns lugares com conglomerados grossos. Alguns do wackes argiláceos têm coloração verde-escura, outros verde-amarelados e outros quase brancos. Eu fiquei surpreso em encontrar algumas das últimas variedades, mesmo onde quase branco, fundindo em um fluxo preto esmaltado, enquanto algumas das variedades verdes fornecem apenas gotas cinza pálido. Numerosos diques, constituídos principalmente de rochas augíticas altamente compactas, e variedades amigdaloidais cinza, intersectam o estrato onde em diversos lugares têm sido deslocados com uma considerável violência e lançados em posições altamente inclinadas. Uma linha de perturbação cruza a porção final norte da Ilha Quail (uma pequena ilha da baía de Porto Praya) e pode ser seguida por toda a ilha principal. Essas perturbações acontecem antes da deposição de camadas sedimentares recentes e na superfície também tiveram sido previamente expostas em uma grande extensão, como visualizado por muitos diques truncados.

Descrição de depósitos calcários que sobrepõem as rochas vulcânicas precedentes. Este estrato é muito evidente devido à sua colocação esbranquiçada e pela extrema regularidade com que se estende por uma linha horizontal por algumas milhas ao longo da costa. Sua altura média sobre o nível do mar, medida na linha superior da junção com a lava basáltica sobreposta, é de aproximadamente sessenta pés, e sua espessura, embora variável devido às irregularidades da formação abaixo, pode ser estimada em aproximadamente vinte pés. Este estrato consiste de material carbonático totalmente branco, parcialmente composto por fragmentos orgânicos e parcialmente de uma substância que pode ser de alguma forma comparada em aparência com cimento. Fragmentos de rocha e seixos são disseminados pela camada, frequentemente formando, especialmente na porção inferior, um conglomerado. Muitos dos fragmentos de rocha são brancos com um fino recobrimento de material carbonático. Na Ilha Quail, o depósito calcário está substituído na porção mais inferior por um tufo terroso, marrom, macio, cheio de *Turritellæ* que é coberto por uma camada de seixos, passando para arenito, e misturado com fragmentos de *Echini*, marcas de caranguejos e conchas; conchas de ostras permanecem aderidas na rocha em que elas cresceram. Numerosas bolas brancas que se assemelham a concreções pisolíticas, com tamanho variando de uma noz a uma maçã, estão encaixadas nesse depósito; elas geralmente têm um pequeno seixo no seu centro. Embora semelhantes à concreção, um exame mais cuidadoso me convenceu que eles eram *Nulliporæ*, mantendo sua forma original, mas com suas superfícies levemente corroídas: esses corpos (plantas como geralmente são considerados agora) exibem sob um microscópio de razoável potência ausência de traços de organização em suas estruturas internas. Sr. George R. Sowerby tem feito um ótimo trabalho em examinar as conchas que eu coletei: existem catorze espécies em condições suficientemente perfeitas para que suas características sejam estudadas com algum grau de certeza, e quatro que podem ser referidos somente ao gênero. Das catorze conchas, das quais uma lista é dada no Apêndice, onze são espécies recentes; uma ainda não descrita é talvez idêntica à espécie que eu encontro vivendo no porto de Porto Praya; as duas espécies remanescentes são desconhecidas e têm sido descritas pelo sr. Sowerby. Até que as conchas deste arquipélago e das costas das redondezas sejam mais bem conhecidas, seria precipitado afirmar que mesmo essas últimas duas conchas são de espécies extintas. O número de espécies que certamente pertencem a tipos existentes, embora de número pequeno, são suficientes para mostrar que o depósito pertence ao último período Terciário. A partir de sua característica mineralógica, a partir do número e tamanho de fragmentos encaixados, e da abundância de *Patellæ* e outras conchas do litoral, é evidente que tudo foi acumulado em um mar raso, próximo à antiga linha da costa.

Efeitos produzidos pelo fluxo de lava basáltica sobreposta aos depósitos de calcário. Esses efeitos são muito curiosos. O material calcário é alterado até a profundidade de aproximadamente um pé abaixo do contato e uma gradação ainda mais perfeita pode ser traçada, desde um agregado solto, de partículas de conchas, *Corrallines*, e *Nulliporæ*, até uma rocha em que nenhum traço de origem mecânica possa ser descoberto, mesmo sob o microscópio. Onde a mudança metamórfica foi mais intensa, duas variedades ocorrem. A primeira é dura, compacta, branca, finamente granulada, listrada com poucas linhas paralelas de partículas vulcânicas, e algo que se assemelha a um arenito, mas que, sob um exame mais detalhado, é observado ser todo cristalino, com as clivagens tão perfeitas que podem ser facilmente medidas com um goniômetro de luz refletida. Em espécimes, onde a mudança foi menos completa, quando molhada e examinada por meio de fortes lentes de aumento, uma gradação ainda mais interessante pode ser traçada, algumas partículas arredondadas mantêm seus próprios formatos e outras invariavelmente fundidas em uma pasta granular-cristalina. A superfície intemperizada dessa rocha, assim como tão frequentemente em calcários normais, assume um coloração vermelho-tijolo.

A segunda variedade metamórfica é igualmente uma rocha dura, porém sem qualquer estrutura cristalina. Esta consiste de uma rocha calcária, compacta, opaca e branca, mosqueada espessamente, por substâncias de *Ochraceous*, terrosos, arredondados, pontualmente macios e irregulares. Essa matéria terrosa tem cor marrom-amarelada pálida e apresenta ser uma mistura de carbonato de cálcio com ferro;

este efervesce com ácidos, é infusível, mas enegrecido sob o maçarico, e torna-se magnético. A forma arredondada de pequenos pedaços de substância terrosa, e os passos no progresso de sua formação perfeita, que pode ser observada em uma suíte de espécimes, claramente mostra que eles são devidos tanto a algum poder de agregação das partículas terrosas sobre elas mesmas ou mais provavelmente por uma forte atração entre os átomos do carbonato de cálcio e, consequentemente, à segregação do material terroso externo. Eu fiquei muito interessado por este fato, porque tenho frequentemente visto rochas quartzosas (por exemplo, nas Ilhas Falkland e no estrato Siluriano inferior de rochas *stiper* no Shrophire), mosqueado em um análogo de maneira precisa, com pequenos pontos de substância terrosa, branca (feldspato terroso?) e essas rochas são uma boa razão para supor que foi submetida à ação do calor, uma visão que necessita receber confirmação.

A estrutura pontilhada pode permitir algumas indicações na distinção das formações de quartzo, cuja presença pode ser distinta daquelas associada a ação ígnea, com aquelas produzidas pela ação somente da água; uma fonte de dúvida, que eu penso pela minha própria experiência, que a maioria dos geólogos, quando examinam regiões arenáceo-quartzosa, podem ter experimentado.

A porção da lava inferior e mais escoriácea, ao movimentar-se sobre o depósito sedimentar nas profundezas do oceano, tem incorporado uma grande quantidade de material carbonático, que agora forma uma brecha basal, de cor branca-gelo, altamente cristalina, incluindo alguns pedaços negros de escória vítrea. Um pouco acima disso, onde o calcário calcítico é menos abundante e a lava mais compacta, inúmeras pequenas bolas, compostas por espícula de calcita espática, radial a partir de centros, ocupam os interstícios. Em uma parte da Ilha de *Quail*, o calcário calcítico tem, portanto, sido cristalizado pelo aquecimento da lava sobreposta, que possui somente treze pés de espessura; essa lava não foi originalmente espessa e depois reduzida por degradação (erosão), o que pode ser admitido a partir do grau da composição celular de sua superfície. Tenho realmente observado que o nível do mar deve ter sido raso quando o deposito calcário foi acumulado. Nesse caso, portanto, o gás ácido carbônico tem sido retido sobre uma pressão, insignificante comparada com a qual (uma coluna de água, 1.708 pés de altura) originalmente proposta por sr. James Hall como requisito para isso, mas desde esse experimento tem sido descoberto que a pressão tem menos papel na retenção de gás ácido carbônico do que a natureza da atmosfera circunjacente, e então, como tem sido declarado ser o caso pelo sr. Faraday[6], massas de calcário calcítico são frequentemente fundidos e cristalizados em fornos de cal comuns. Carbonato de cálcio pode ser aquecido até quase qualquer temperatura, de acordo com Faraday, em uma atmosfera de gás ácido carbônico, sem se decompor, e Gay Lussac descobriu que fragmentos de calcário, colocados em um tubo e aquecido até uma temperatura insuficiente para que ela própria cause sua decomposição, ainda imediatamente envolvida pelo seu ácido carbônico, quando um jorro de ar comum ou jorro foi passado sobre ele: Gay Lussac atribui isso ao descolamento mecânico do gás ácido carbônico nascente. O material carbonático debaixo da lava, e especialmente o que forma a espícula cristalina entre os interstícios da escória, embora aquecido em uma atmosfera provavelmente composta por vapor, não poderia ter sido sujeito ao efeito de vapor passante e então é, talvez, a razão pela qual reteve seu próprio ácido carbônico, sob uma pequena quantidade de pressão.

Os fragmentos de escória, encaixados na base do calcário cristalino, são de uma cor branca, com uma fratura vítrea como *pitchstone*. Sua superfície, de qualquer forma, é recoberta por uma camada de substância translúcida, de cor laranja-avermelhada, que pode ser facilmente riscado com uma faca; entre eles parece ser

---

[6] Eu estou em débito com o sr. E. W. Brayley que me deu as referências dos seguintes artigos para este tópico: Faraday, no *Edinburgh New Philosophical Journal, vol. XV. P. 398*; Gay Lussac em *Annales de Chem. Et Phys.* tom. IXIII. p. 219, traduzido no *London and Edinburgh Philosophical Magazine*, vol. X. p. 496.

revestida por uma fina camada de resina. Alguns dos pequenos fragmentos são parcialmente substituídos por essa substância: uma mudança que apresenta ser um pouco diferente de uma decomposição comum. No Arquipélago de Galápagos (como será descrito em um próximo capítulo), muitas camadas são formadas por cinzas vulcânicas e partículas de escoria, que tem sido submetido a uma mudança muito similar.

A extensão e horizontalidade dos estratos calcários. A linha superior da superfície do estrato de calcário, que é tão evidente por ser totalmente branco e tão próximo ao horizontal, estende-se por milhas ao longo da costa, na altura de aproximadamente sessenta pés sobre o mar. A camada de basalto, pela qual é capeada, possui a média de aproximadamente oitenta pés de espessura. Na direção oeste de Porto Praya além da Red Hill, o estrato branco com o basalto sobreposto é coberto pelos mais recentes derrames. A norte da colina Signal Post eu pude segui-lo com meus olhos por diversas milhas ao longo dos penhascos do mar. A distância, portanto, observada é de aproximadamente sete milhas, mas eu não poderia duvidar de sua regularidade, que se estende mais adiante. Em algumas ravinas com altos ângulos da costa, esses estratos mergulham levemente para o mar, provavelmente com a mesma inclinação de quando foi depositada ao redor das antigas linhas de praia da ilha. Eu encontrei somente uma seção em terra na base da montanha marcada por "A", onde, na altura de algumas centenas de pés, essa camada foi exposta, aqui assentada sobre uma rocha augítica compacta comum associada com *wacke* e que foi coberta por uma ampla cobertura de derrames de lava basáltica moderna. Algumas exceções ocorrem na horizontalidade do estrato branco: na Ilha Quail, a superfície superior está somente quarenta pés sobre o nível do mar; aqui também a cobertura de lava tem somente entre doze e quinze pés de espessura; por outro lado, no lado NE do porto de Porto Praya, o estrato de calcário, bem como a rocha na qual está assentado, alcança a altura acima do nível médio: a desigualdade do nível nesses dois casos não é, como eu acredito, devido à elevação desigual, mas às irregularidades originais no fundo marinho. Sobre esse fato, na Ilha Quail existe uma clara evidência do depósito calcário possuir em uma localidade espessura maior que a média e em outra parte sendo inteiramente ausente; neste último caso, as lavas basálticas modernas se assentam diretamente naquelas de origem mais antigas.

Abaixo da colina Signal Post, o estrato branco mergulha em direção ao mar de uma forma extraordinária. Essa colina é cônica, com 450 pés de altura, e mantém alguns traços de ter sido uma estrutura em forma de cratera; esta é composta principalmente de material eruptivo posterior à elevação da grande planície basáltica, mas parcialmente composta por lavas de origem aparentemente submarinas de considerável antiguidade. A planície ao redor, assim como o flanco leste desta colina, tem sido desgastada em precipícios escalonados, ressaltados sobre o mar. Nesses precipícios, o estrato calcário branco pode ser visto, na altura de aproximadamente 70 pés sobre a praia, ao longo de algumas milhas em ambas as direções a norte e sul da colina, em uma linha que aparenta ser perfeitamente horizontal, mas, em um intervalo de um quarto de milha diretamente abaixo da colina, este mergulha em direção ao mar e desaparece. No lado sul o mergulho é gradual, no lado norte é mais abrupto, como é mostrado na gravura. Sequer o estrato branco calcário, ou mesmo a lava basáltica sobreposta (que pode ser facilmente distinguida dos derrames mais modernos), apresenta espessamento em direção ao mergulho, eu pressuponho que essas camadas não foram originalmente acumuladas em um canal, o centro da qual depois se tornou o ponto de erupção, mas que eles foram subsequentemente perturbados e inclinados. Nós podemos supor tanto que a colina Signal Post subsidiu após sua elevação com o entorno ou que ela nunca foi soerguida até a essa altura. Esta última hipótese me parece ser a alternativa mais provável, para que durante a lenta e igual elevação dessa porção da ilha a força motora subterrânea, a força despendia por essa força, em repetidas erupções vulcânicas a partir desse ponto, poderia, como é preferível, ter menos força para o soerguê-lo. Algumas coisas parecidas podem ter ocorrido perto de a Red Hill, quando, seguindo em direção ao topo os derrames de lava desde próximo a Porto Praya através do interior da ilha eu estava fortemente induzido a suspeitar que desde que a lava fluiu, a direção de mergulho da terra tem sido levemente modificada, tanto pela pequena subsidência próxima a Red Hill ou pela porção do plano que tem sido soerguido para uma pequena altura durante a elevação de toda a área.

No. 2. Colina Signal Post

A – Rochas vulcânicas antigas

B – Estrato calcário

C – Lava basáltica superior

A lava basáltica, sobreposta ao deposito calcário. Essa lava é de cor cinza-pálida, funde-se em um esmalte negro; sua fratura é particularmente terrosa e concrecionária e contém olivina em pequenos grãos. As porções centrais da massa são compactas, ou majoritariamente crenulada com algumas cavidades, e são frequentemente colunares. Na Ilha Quail esta estrutura é observada de uma forma destacada; a lava em uma parte é dividida entre lâminas horizontais, que se tornam em outra parte divididas por fissuras verticais em porções com cinco lados, e esses novamente, sendo empilhados sobre cada um, invariavelmente tornam-se soldados, formando colunas simétricas finas. A superfície inferior da lava é vesicular, mas algumas vezes somente até a espessura de algumas polegadas; a superfície superior, que é igualmente vesicular, é dividida em bolas, frequentemente com mais de três pés de diâmetro, feito de camadas concêntricas. Essa massa é composta de mais de um derrame; sua espessura total possui, em média, aproximadamente oitenta pés: a porção inferior tem certamente fluido debaixo do mar, e provavelmente da mesma forma a porção superior. A parte principal dessa lava fluiu a partir do distrito central, entre as colinas marcadas por "A", "B", "C" no mapa de xilografia. A superfície da cidade, próxima à costa, é plana e estéril; em direção ao interior, a terra ergue-se por sucessivos terraços, dos quais quatro, quando observados de certa distância, podem ser distintamente contados.

Erupções vulcânicas subsequentes na elevação da região costeira; o material eruptivo associado com o calcário terroso. Essas lavas recentes têm progredido a partir daquelas colinas avermelhadas, cônicas, dispersas, que se erguem abruptamente a partir do plano da cidade próximo à costa. Eu subi algumas delas, mas irei descrever apenas uma, chamada Red Hill, que pode servir como um tipo de sua classe, e que é extraordinário em alguns aspectos especiais. Sua altura é aproximadamente de 600 pés e é composta por uma rocha escoriácea vermelha brilhante de natureza basáltica; sobre um lado do pico existe um orifício, que provavelmente é um remanescente da cratera. Diversas outras colinas da mesma classe, ao julgar pela sua forma externa, estão sobrepujadas por muitas crateras perfeitas. Quando navegando ao longo da costa, fica evidente que um corpo de lava considerável fluiu a partir da Red Hill sobre uma linha de precipícios de aproximadamente 120 pés de altura, em direção ao mar; essa linha de precipícios é contínua com aquela formadora da costa e limita o plano de ambos os lados dessa colina; a erupção desses derrames ocorreu, portanto, após a formação dos precipícios da costa, a partir da Red Hill, quando esta deveria estar sustentada, como agora está, acima do nível do mar. Essa conclusão concorda com a condição altamente escoriácea de todas as rochas sobre ele, apresentando ser de formação subárea, e isso é importante, como existem algumas camadas de material calcário próximo ao seu pico, que poderia, em uma rápida olhada, ter sido confundido com um depósito submarino. Essas camadas consistem de carbonato de cálcio, branco, terroso, extremamente friável, que pode ser esmagado com pequena pressão; os espécimes mais compactos não resistem à força dos dedos. Algumas dessas massas são tão brancas quanto a cal viva e apresentam-se absolutamente puras; mas, sobre o exame de lentes, diminutas partículas de escória podem frequentemente ser observadas, e eu não encontrei nada, quando dissolvidas em ácidos, que deixasse um resíduo dessa natureza. Isto é, além disso, difícil de encontrar partículas de calcário que não mudem de cor sob o maçarico, a maioria deles se tornam vítreos. Os fragmentos escoriáceos e o material calcário estão associados de maneira mais irregular, algumas vezes em camadas obscuras, mas mais frequentemente como uma brecha confusa, a cal em algumas partes e a escória em outros são mais abundantes. Sr. H. De la Beche tem sido muito atencioso na análise dos espécimes mais puros, com vistas a descoberta, que considera uma origem vulcânica se eles contêm muito magnésio, mas somente em uma pequena porção foi encontrada, da mesma forma como presente na maioria dos calcários calcíticos.

Fragmentos de escória encaixados em massa calcária, quando quebrados, exibem muitas células alinhadas e parcialmente preenchidas por calcita, delicada, excessivamente frágil, com aparência de musgo, ou preferencialmente com aparência de alga verde filamentosa (*Conferva*), em reticulação de carbonato de cálcio. Essas fibras, examinadas sob lentes de um décimo de polegada de distância focal, apresentam-se cilíndricas; possuem preferencialmente $1/1.000$ de uma polegada de diâmetro; podem ser tanto ramificadas ou mais comumente unidas em uma massa irregular de redes, com a combinação de muitos tamanhos diferentes e números desiguais de lados. Algumas fibras são frequentemente cobertas com uma espícula extremamente fina, ocasionalmente agregada dentro de pequenos amontoados e com aparência de cabelo. Essas espículas são do mesmo diâmetro por todo seu comprimento; as espículas são facilmente destacadas, portanto aqueles objetos vítreos ao microscópio tornam-se dispersos sobre elas. Dentro das células de muitos fragmentos escoriáceos, a cal exibe essa estrutura fibrosa, mas geralmente em um grau menos perfeito. Essas células não apresentam aspecto de estar interconectadas. Não pode haver dúvida, como será demonstrado a seguir, que a cal entrou no processo eruptivo, misturada com a lava em seu estado fluido e, portanto, eu tenho pensado se vale a pena descrever essa estrutura fibrosa detalhadamente, da qual não conheço nenhum análogo. Pela condição terrosa dessas fibras, tal estrutura não parece estar relacionada com a cristalização.

Outros fragmentos de rochas escoriáceas dessa colina, quando quebrados, são frequentemente marcados com curtas faixas brancas e irregulares, que são devido a uma fileira de células, parcial ou completamente, preenchidos por pó de carbonato branco. Essa aparência me lembrou da aparência de uma massa mal misturada, de bolas e listras de farinha, que permaneceram sem se misturar na pasta, e eu não posso duvidar que pequenas massas de cal da mesma maneira permaneceram não misturadas com a lava fluida, tendo sido extraídas quando a massa de lava estava em movimento. Eu cuidadosamente examinei, pela trituração e solução em ácidos, pedaços de escória tomadas a partir de células de meia polegada que foram preenchidas por pó de calcário e que não contêm um átomo de cal livre. É obvio que a lava e a cal em uma grande escala foram imperfeitamente misturadas e onde pequenas porções de cal foram envolvidas dentro dos pedaços de lava viscosa, a causa de esta estar agora ocupando, na forma de um pó ou de uma reticulação fibrosa, as cavidades vesiculares é, eu penso, evidentemente devida aos gases confinados que foram mais facilmente expandidos, onde a cal incoerente tornou a lava menos pegajosa.

Uma milha a leste da cidade de Praya, existe um desfiladeiro escalonado, com cerca de 150 jardas de largura, atravessando a planície através de basaltos e camadas subjacentes, mas preenchido por um fluxo de lava moderna. Essa lava é cinza-escura, e na maioria das porções compactas e grosseiramente colunares, mas a uma pequena distância da costa, inclui de maneira irregular uma massa brechada de uma escória vermelha misturada com uma considerável quantidade de cal branca, friável, em algumas partes quase pura, como aquela que ocorre no pico da Red Hill. Essa lava, com a cal incorporada, certamente fluiu na forma de um derrame regular e, a julgar pelo formato do desfiladeiro, no sentido da drenagem da cidade (atualmente débil) que permanece conduzida, e a partir do aparecimento de camadas de blocos soltos com seus interstícios não preenchidos, como aqueles na camada de uma corrente, sobre o qual a lava se assenta, nós podemos concluir que o fluxo era de origem subárea. Eu fui incapaz de seguir sua fonte, mas, a partir de sua direção, parecia vir da Colina Signal Post, distante uma milha e um quarto, que, como a Red Hill, tem sido um ponto de erupção subsequentemente à elevação da grande planície basáltica. De acordo com essa visão, que eu encontrei na Colina Signal Post, uma massa de material carbonático terroso da mesma natureza, misturada com escória. Eu aqui observei que parte do material calcário formador da camada sedimentar horizontal, especialmente do material mais fino com o qual os fragmentos de rochas encaixados são pintados de branco, tem sido provavelmente derivado de erupções vulcânicas similares, como também remanescente de restos orgânicos triturados; o embasamento, antigo, de rochas cristalinas, também, é associado com muito calcário de cálcio, preenchendo cavidades amigdaloidais, formando massas irregulares; a natureza deste último fui incapaz de compreender.

Considerando a abundância de cal terrosa próximo ao pico do Red Hill, um cone vulcânico com 600 pés de altura, de crescimento subaéreo – considerando a maneira íntima com que as pequenas partículas e grande massas de escória estão encaixadas nas massas de cal quase pura e, por outro lado, a maneira com que pequenos núcleos e listas de pó de calcário estão inclusos nas peças sólidas de escória – considerando, também, a ocorrência similar de cal e escória dentro do derrame de lava, também suposto, por boas razões, ser de origem subaérea moderna e de ter fluído desde a colina, onde a cal terrosa também ocorre. Eu penso, considerando esses fatos, não haver dúvidas que a cal entrou no processo eruptivo misturada com a lava em estado plástico. Eu desconheço qualquer outro caso similar que tenha sido descrito: isso me parece muito interessante, na medida em que a maioria dos geólogos deve ter especulado sobre os possíveis efeitos de um foco vulcânico, rompendo camadas profundas com diferentes composições mineralógicas. A grande abundância de sílex livre nos traquitos de alguns países (como descrito por Beudant na Hungria, e por P. Scrope nas Ilhas Panza), talvez esclareça essa questão com relação às camadas profundas de quartzo e nós provavelmente aqui vemos isso respondido, onde a ação vulcânica invadiu massas subjacentes de calcário. Uma questão é naturalmente levada em conjectura, em qual estado estava o atual carbonato de cálcio terroso quando ejetado junto com a lava intensamente aquecida: levando em consideração a extrema celularidade da escória de Red Hill, a pressão não deve ter sido alta, e como a maioria das erupções vulcânicas são acompanhadas pela emissão de grandes quantidades de vapor e outros gases, nós aqui temos uma condição mais favorável, de acordo com o ponto de vista dos químicos atuais, pela expulsão do ácido carbônico[7]. Será que a baixa absorção desse gás, pode-se questionar, teria originado a estrutura fibrosa na cal, similar a um sal eflorescente? Finalmente, posso notar uma grande diferença na aparência entre essa cal terrosa, que deve ter sido aquecida em uma atmosfera livre de vapor e outros gases, com o calcário espático, branco, produzido por uma única camada fina de lava (como na Ilha Quail) que se movimenta sobre uma cal terrosa similar e restos de matéria orgânica, na base de um mar raso.

Orifícios eruptivos pequenos

Colina Signal Post. Esta colina tem sido mencionada diversas vezes, especialmente com referência à extraordinária maneira com que o estrato calcário branco, em alguns lugares tão horizontal (gravura 2) mergulha em direção ao mar. Este tem um amplo pico,

---

[7] Embora muito abaixo da superfície, o carbonato de cálcio estava, presumo, em um estado líquido. Hutton, como é conhecido, pensa que todas as amígdalas foram produzidas por gotas de calcários fundidas flutuantes nessa encaixante, como óleo na água: esse pensamento, sem dúvida, está errado, mas se o material formador do pico da colina Red Hill tiver sido arrefecido sob a pressão de um mar moderadamente profundo, ou encaixado, devemos, com toda probabilidade, ter tido uma rocha encaixante associada com grandes massas de calcário cristalino, espático, que, de acordo com a visão de muitos geólogos, poderia ter sido erroneamente atribuída a uma infiltração posterior.

com traços obscuros de uma estrutura em forma de cratera, e é composta de rochas basálticas[8], alguns compactos, outros altamente celulares, com camadas inclinadas de escória soltas, das quais algumas são associados com calcário terroso. Assim como na Red Hill essa tem sido a fonte de erupções, subsequentemente à elevação da planície basáltica ao redor; mas, ao contrário daquela colina (Red Hill), foi submetido a uma considerável denudação e foi a fonte de ação vulcânica em um período remoto, quando abaixo do mar. Eu interpretei essa última questão ao encontrar no seu flanco interior os últimos remanescentes de três pequenos pontos de erupção. Esses pontos são compostos por escória vítrea, cimentada por calcita espática cristalina, exatamente como o grande depósito calcário submarino, onde a lava aquecida movimentou-se sobre esse depósito: o estado arrasado do depósito pode, eu penso, ser explicado apenas pela ação do desnudamento pelas ondas do mar. Eu fui guiado ao primeiro orifício por observar uma camada de lava, com cerca de 200 jardas quadradas, com lados escalonados, sobrepostas à planície basáltica, sem nenhum morro adjacente, de onde poderia ter sido iniciada a erupção, e o único vestígio de uma cratera que eu fui capaz de descrever consistia de algumas camadas inclinadas de escória em uma de suas extremidades. A 50 jardas a partir do segundo nível pedaços de lavas, mas de um tamanho muito menor, eu encontrei um grupo circular de massas irregulares de brechas escoriáceas cimentadas, com aproximadamente seis pés de altura, que sem dúvida foi formado no ponto de erupção. O terceiro orifício está agora marcado somente por um círculo irregular de escória cimentada, com aproximadamente quatro jardas de diâmetro, e subindo em seu ponto mais alto três pés acima do nível da planície,

---

[8] Desses, uma variedade comum é extremamente cheia de pequenos fragmentos de um mineral jaspe vermelho-escuro, que, quando examinado com cuidado, mostra uma clivagem indistinta; poucos fragmentos possuem formas alongadas, são macios, magnéticos antes e após aquecimento e fundem com dificuldade em um esmaltado sem brilho. Esse mineral é evidentemente relacionado aos óxidos de ferro, mas eu não consigo verificar qual seria. Essa rocha que contém esse mineral é crenulada com pequenas cavidades angulares, que são alinhadas e preenchidas com cristais amarelados de carbonato de cálcio.

cuja superfície, quase toda, exibe sua aparência usual: aqui temos uma seção basal horizontal de um espiráculo vulcânico que, juntamente com todo o material ejetado, foi quase totalmente obliterado.

Os derrames de lava, que preenchem o estreito desfiladeiro[9] em direção ao lado leste da cidade de Praya, a julgar pelo seu curso, parecem, como antes descrito, ter vindo a partir da colina Signal Post, e ter fluído sobre a planície, após a sua elevação: a mesma observação aplica-se ao derrame (possivelmente parte do mesmo) que recobre as falésias, um pouco a leste do desfiladeiro. Quando eu me esforçava para seguir esses derrames para sobre a planície rochosa, que é quase destituída de solo e vegetação, fiquei muito surpreendido em encontrar que, embora composto de basalto duro, e não ter sido exposto à denudação marinha, todos os traços distintos deles tornaram-se rapidamente perdidos. Mas observei uma vez no Arquipélago de Galápagos que muitas vezes é impossível seguir mesmo grandes derrames recentes de lava cruzando riachos mais velhos, exceto pelo tamanho dos arbustos que crescem sobre eles, ou pela comparação do brilho em sua superfície – características que mesmo em um curto lapso de tempo seriam suficientes para apagar. Eu posso observar que em um nível do país, com um clima seco e com o vento soprando sempre em uma direção, (como no Arquipélago de Cabo Verde), o efeito da erosão atmosférica é provavelmente muito maior do que seria esperado; para solos nesse caso acumulando somente em poucos buracos protegidos, e sendo soprados em uma direção, ele viaja sempre em direção ao mar na forma de uma poeira fina, deixando a superfície das rochas nuas, e expostas a todos os efeitos de ação meteórica renovada.

---

[9] Os lados desse desfiladeiro, onde o estrato basáltico superior é intersectado, são quase sempre perpendiculares. A lava, que desde então preencheu, está anexada a esses lados, quase tão firme quanto um dique em suas paredes. Na maioria dos casos, onde o derrame de lava fluiu em direção ao vale, é delimitado de cada lado por uma massa escoriácea solta.

Colinas do interior de rochas vulcânicas antigas. Essas colinas são registradas por olho e marcadas como A, B, C e D no mapa-xilogravura. A composição mineralógica delas é relacionada e são provavelmente diretamente contínuas com as rochas inferiores expostas na costa. Essas colinas, vistas a certa distância, aparecem como se tivessem formado parte de um planalto irregular e a partir de sua estrutura correspondente e composição este provavelmente foi o caso. Elas têm picos planos, ligeiramente inclinados, e possuem em média 600 pés de altura, apresentam sua inclinação mais acentuada em direção ao interior da ilha, a partir de um ponto são radiais para fora e são separadas entre si por vales largos e profundos, através do qual os grandes derrames de lava, formadores das planícies costeiras, fluíram. As escarpas internas e mais íngremes estão abrangidas em uma curva irregular, que rudemente segue uma linha da costa, duas ou três milhas para o interior da mesma. Eu subi alguns desses montes e a partir de outros, que fui capaz de examinar com um telescópio, obtive amostras, por meio da bondade do sr. Kent, o assistente-cirurgião do Beagle, embora por esses meios me familiarizei apenas com uma parte das variações, com cinco ou seis milhas de comprimento; ainda assim, eu dificilmente hesito, a partir de sua estrutura uniforme, em afirmar que eles são parte de uma grande formação circular alongada perfazendo a maior parte da circunferência da ilha.

Os estratos superiores e inferiores dessas colinas diferem grandemente em composição. As porções superiores são basálticas, geralmente compactas, mas algumas vezes escoriáceas e amigdaloidais, com massas associadas de *wacke*: onde o basalto é compacto, podendo ser tanto cristalizado fino ou muito grosso; no último caso ele passa para uma rocha augítica, contendo muita olivina; a olivina é tanto incolor ou amarela com tons avermelhados habituais. Em algumas colinas, camadas de material calcário, tanto com formas terrosas e cristalinas, incluindo fragmentos de escoria vítrea, são associadas com estratos basálticos. Esses estratos diferem desde derrames de lava basáltica formadora das planícies costeiras, tornando-se somente mais compacta, e os cristais de augita, e os grãos de olivina possuem tamanhos maiores – características que, junto com a aparência de camadas de calcários associadas, induzem-me a acreditar que eles são de uma formação submarina.

Algumas massas consideráveis de *wacke*, que são associadas com os estratos basálticos, e que parecem ocorrer na série basal da costa, especialmente na Ilha Quail, são curiosas. Elas consistem de uma substância argilosa, verde-amarelada pálida, de uma textura esfarelada quando seca, mas untuosa quando úmida: em sua forma mais pura, são de uma bela tonalidade verde, com bordas translúcidas e, ocasionalmente, com traços fracos de uma clivagem inicial. Sob o maçarico fundem-se facilmente em um cinza-escuro, e algumas vezes em uma bola negra, que é ligeiramente magnética. A partir desses caracteres, eu naturalmente pensei que essa era uma das espécies pálidas de augita decomposta – uma conclusão suportada pela rocha inalterada estar cheia de cristais grandes separados de augita negra e por bolas e listras irregulares de rochas augíticas cinza-escuras. Como o basalto comum consiste de augita e de olivina frequentemente manchada e de cor vermelha intensa, eu fui levado a examinar os estágios de decomposição desse último mineral e encontrei, para minha surpresa, que poderia traçar uma passagem quase perfeita a partir de uma olivina inalterada para um *wacke* verde. Parte dos mesmos grãos sob o maçarico em alguns casos comporta-se como olivina, tendo sua cor levemente mudada, e parte daria uma bola negra magnética. Então, não tenho dúvida que o *wacke* esverdeado originalmente existiu como olivina, mas grandes mudanças químicas devem tê-la afetado durante o ato de decomposição, portanto, tendo alterado um mineral infusível, transparente e muito duro em uma substância argilosa, facilmente fundível, untuosa e macia[10].

---

[10] D´Aubuisson, Traité de Géognosie (tom. II. P. 569), menções, sobre a autoridade de M. Marcel de Serres, massas de terra verde próximo a Mont-Péllier, que são supostamente devido à decomposição de olivina. Eu não encontro divulgado, de qualquer forma, que a ação desse mineral sob o maçarico torna-se integralmente alterado, quando se torna decomposto; e o conhecimento desse fato é importante, pois a princípio parece improvável que um mineral refratário, transparente e duro poderia transformar-se em uma argila facilmente fundida e macia, como essa de Santiago. Vou continuar a descrever uma substância verde, formadora de linhas no interior das células de algumas rochas basálticas vesiculares na terra de Van Diemen's, que sob o maçarico tem comportamento similar ao *wacke* verde de Santiago; mas a ocorrência em segmentos cilíndricos mostra que este não

O estrato basal dessas colinas, bem como de algumas colinas vizinhas separadas, arredondadas e desencapadas, consiste em rochas feldspáticas ferruginosas, finamente granuladas, compactas, não cristalinas (ou tão pouco que se torna imperceptível), e geralmente em um estado de semidecomposição. Sua fratura é extremamente irregular e engessada, ainda com pequenos fragmentos que são frequentemente duros. Eles contêm muitos materiais ferruginosos, tanto na forma de pequenos grãos com brilho metálico, ou como fios de cabelo, castanhos; a rocha, nesse último caso, assume uma estrutura pseudobrechada. Essas rochas algumas vezes contem mica e veios de ágata. Sua cor castanha enferrujada ou amarelada é parcialmente devida aos óxidos de ferro, mas principalmente a inúmeras manchas pretas, de tamanho microscópico, que, quando um fragmento é aquecido, são facilmente fundidas e, evidentemente, são de hornblenda ou augita. Essas rochas, então, embora à primeira vista pareçam como argila cozida ou algum depósito sedimentar alterado, contêm todos os ingredientes essenciais de um traquito, a partir do qual eles diferem somente em não ser duras e não conter cristais de feldspato vítreo. Da mesma forma como é comum em formações traquíticas, aqui a estratificação não é aparente. Uma pessoa não iria acreditar facilmente que essas rochas poderiam ter fluído como lava; apesar disso, no Santa Helena existem derrames muito bem caracterizados (como será descrito em um posterior capítulo) de composição muito similar. Em meio às colinas compostas por essas rochas, eu encontrei em três lugares colinas cônicas aplainadas de fonolito, com abundantes cristais de feldspato vítreo e com agulhas de hornblenda. Esses cones de fonolito, eu acredito, sustentam a mesma relação dos estratos feldspáticos ao redor, que contêm massas de rocha augítica cristalina grossa, e em outras partes da ilha sustentam o basalto circundante, propondo que ambos seriam injetados, as rochas de natureza feldspática sendo anteriores em origem aos estratos basálticos que as recobrem, como também os derrames basálticos da planície costeira, de acordo com a ordem comum de sucessão destas duas grandes séries vulcânicas.

---

se formou pela decomposição da olivina, um mineral sempre existente na forma de grãos ou cristais.

As camadas da maioria dessas colinas na porção superior, onde somente os limites de camadas são distinguíveis, são inclinadas com um pequeno ângulo a partir do interior da ilha em direção a costa marinha. A inclinação não é a mesma em cada colina; naquela marcada com "A" é inferior com aquelas marcadas com "B", "D", ou "E"; em "C" as camadas são pouco defletidas a partir de um plano horizontal, e em "F" (considerando a grande distância em que estava para julgá-la sem subir nela) eles são levemente inclinados em uma direção reversa, que seria em direção ao centro da ilha. Apesar dessas diferenças de inclinação, a sua correlação na forma externa e na composição tanto nas porções superiores e inferiores – sua posição relativa em uma linha curva, com seus mergulhos mais íngremes voltados para dentro – todos parecem mostrar que eles formaram originalmente partes de uma mesma plataforma; tal plataforma, como antes observado, provavelmente se estendeu ao redor de uma considerável porção da circunferência da ilha. As camadas superiores certamente fluíram como lava e provavelmente abaixo do mar, como talvez fizeram as massas feldspáticas inferiores: como então essas camadas podem manter essa posição atual e a partir de qual lugar elas foram erupcionadas?

No centro da ilha[11] existem altas montanhas, mas elas são separadas dos flancos íngremes interiores dessas colinas, por um amplo espaço da parte baixa do país: as montanhas do interior, por outro lado, parecem ter sido a fonte desses grandes fluxos de lava basáltica, que de forma contrastante, quando elas passam entre as bases das colinas em questão, expandem-se nas planícies costeiras. Ao redor das margens do Santa Helena existe um anel de rochas basálticas rusticamente formado e em Maurício existem remanescentes de algo arredondado que se assemelha a uma parte de anel, que não contorna toda a ilha; aqui de novo a mesma questão

---

[11] Eu observei muito pouco das porções internas da ilha. Próximo ao vilarejo de São Domingo existem penhascos magníficos de lava basáltica cristalizada grossa. Após o pequeno riacho nesse vale, aproximadamente uma milha do vilarejo, a base desses grandes penhascos foi formada por um basalto compacto fino, coberto por uma camada de conglomerados em conformidade. Próximo a Fuentes, encontrei com colina *pap-formed* de rochas compactas da série feldspática.

imediatamente ocorre, como essas massas preservam a posição atual e a partir de qual lugar elas foram erupcionados? A mesma resposta, seja qual ela for, provavelmente aplica-se a esses três casos e em um futuro capítulo iremos recorrer a esse assunto.

Vales próximos a costa. Estes são amplos, muito planos, e geralmente limitados por lados de penhascos baixos. Porções da planície basáltica são, algumas vezes, quase ou totalmente isolados por eles, fato esse que o espaço no qual está a cidade de Praya oferece um exemplo. O grande vale a oeste da cidade tem sua base preenchida até uma profundidade de 20 pés por seixos bem arredondados, que em algumas porções estão firmemente cimentados por material calcário branco. Não há dúvidas, a partir da forma desses vales, que eles foram esculpidos pela ação das ondas do mar, durante aquela elevação uniforme do terreno, dos quais o depósito calcário horizontal, com as espécies marinhas existentes, é evidência. Considerando a boa preservação das conchas nessa camada é singular que eu não consiga encontrar sequer um único pequeno fragmento de conchas no conglomerado na base dos vales. A camada de seixos no vale a oeste da cidade é intersectada por um segundo vale que ingressa como um tributário, mas mesmo esse vale parece demasiadamente largo e com fundo plano para ser formado por uma pequena quantidade de água, que cai apenas durante um curto período chuvoso; durante os outros períodos do ano, esses vales são absolutamente secos.

Conglomerado recente. Nas margens da Ilha Quail encontrei fragmentos de tijolos, parafusos de ferro, seixos e grandes fragmentos de basalto unidos por uma base escassa de material calcário impuro, unidos em um conglomerado firme. Para demonstrar como extremamente firme é esse conglomerado recente, posso mencionar que me esforcei com um pesado martelo geológico para retirar um parafuso de ferro, que estava encaixado um pouco acima da marca de maré baixa, mas fui incapaz de ter sucesso.

CAPÍTULO II

FERNANDO DE NORONHA – Colina íngreme de fonolito. – TERCEIRA – Rochas traquíticas; sua singular decomposição pela vaporização a alta temperatura. – TAITI – Passagem de um *wacke* para uma trapa; rochas vulcânicas singulares com as vesículas parcialmente preenchidas com mesotipo. – MAURITIUS – Provas de sua recente elevação. – Estrutura de suas montanhas mais antigas; similaridades com Santiago. – ROCHAS DE SÃO PAULO (Arquipélago de São Pedro São Paulo) – Origem não vulcânica – sua composição mineralógica singular.

Fernando de Noronha

Durante nossa curta estada nesse lugar e nas quatro ilhas seguintes, encontrei muito poucos trabalhos respeitáveis de descrição. Fernando de Noronha está situado no Oceano Atlântico, na latitude 3°50′S, a 230 milhas distante da costa da América do Sul. Consiste de diversas pequenas ilhas, que juntas possuem nove milhas de comprimento por três de largura. O todo parece ser de origem vulcânica, embora não exista qualquer cratera aparente, ou qualquer protuberância central. A feição mais espetacular é uma colina de 1.000 pés de altura, dos quais a porção superior de 400 pés consiste de um penhasco, com um pináculo de formato singular, formado por fonolito, contendo numerosos cristais de feldspato vítreo, e algumas agulhas de hornblenda. A partir do ponto mais alto acessível dessa colina pude distinguir em diferentes partes outras diversas colinas cônicas, aparentemente da mesma natureza. Em Santa Helena existe uma massa protuberante de fonolito similar, grande, cônico, com aproximadamente 1.000 pés de altura, que tem sido formado pela injeção de lava feldspática fluida dentro de estratos rúpteis. Se essa colina tiver tido uma origem similar, como é provável, a denudação teve aqui um efeito de enorme escala. Próximo à base dessa colina observei camadas de tufo branco, intersectado por numerosos diques, alguns de basalto amigdaloidais e outros de traquito, além de camadas de fonolito "ardosiano" com planos de clivagem com direção NW e SE. Porções dessa rocha, onde os cristais são raros, assemelham-se a ardósias argilosas, alterada pelo contato com o dique encaixante. A laminação das rochas, que sem dúvida já estiveram fluidas, parece-me um tópico que merece atenção. Na praia existem numeroso fragmentos de basalto compacto, cujas rochas parecem formar um distante afloramento colunar.

Terceira nos Açores

As porções centrais dessa ilha consistem de montanhas irregularmente arredondadas sem grande elevação, compostas por traquito, que se assemelha de maneira geral ao traquito de Ascensão, a ser descrito. Essa formação está em muitas porções sobrepostas, na ordem normal de superposição, por derrames de lava basáltica, que próximo à costa compõem quase toda a superfície. O curso desses mesmos derrames tem seguido a partir de suas crateras e podem frequentemente ser seguidos a olho. A cidade de Angra está cercada por uma colina em forma de cratera (Mount Brazil), inteiramente construída por camadas finas de tufo fino, duro, de cor castanha. As camadas superiores são observadas por sobre os derrames basálticos sobre os quais a cidade se encontra. Essa colina é quase idêntica em estrutura e composição a numerosas colinas em forma de cratera do Arquipélago de Galápagos.

Efeitos do vapor sobre as rochas traquíticas. Na porção central da ilha existe um ponto onde o vapor é constantemente emitido em jatos a partir do fundo de um buraco em uma pequena ravina que não possui saída e que se encosta contra uma variedade de montanhas traquíticas. O vapor é emitido de diversas fissuras irregulares: ele é inodoro, escurece o ferro rapidamente e é de uma temperatura alta demais para ser suportado pela mão. A forma com que o traquito sólido é substituído nas bordas desses orifícios é interessante: primeiro, a base torna-se terrosa, com evidentes sardas vermelhas devido à oxidação de partículas de ferro; então, este se torna macio, e por último mesmo os cristais de feldspato vítreo são entregues aos agentes de dissolução. Posteriormente essa massa é convertida em argila, o óxido de ferro parece ser inteiramente removido de algumas partes, que são deixadas perfeitamente brancas, enquanto em outras porções vizinhas, que são de cor vermelho brilhante, parecem ser depositados em quantidade maior, algumas outras massas são marmorizadas com duas cores distintas. Porções de argila branca, quando secas, não podem ser distinguidas a olho de um bom giz e quando colocadas entre os dentes são igualmente finas. Os habitantes utilizam essa substância para pintar suas casas de branco. A causa do ferro ter sido dissolvido em uma porção e em sua proximidade ter sido redepositado não está clara, mas esse fato tem sido observado em muitos outros lugares.[12] Em alguns espécimes semidecompostos encontrei uns agregados de *hyalitos* amarelos, globulares, pequenos, que se assemelham a goma arábica, que sem dúvida foram depositados pelo vapor.

Como não existe saída para a água da chuva, que escorre pelos lados de um buraco em forma de ravina, de onde o vapor é lançado, toda ela deve percolar para baixo pelas fissuras até sua porção inferior. Alguns dos habitantes informaram-me que antigamente existiam chamas (algumas de aparência luminosa?) que anteriormente precederam essas rachaduras e que essas chamas foram sucedidas pelo vapor, mas eu não consegui determinar quanto tempo isso ocorreu, ou qualquer certeza sobre esse assunto. Ao visualizar o local, imaginei que a injeção de uma grande massa de rocha, como o cone de fonolito em Fernando de Noronha, em um estado semifluido, arqueando a superfície, pode ter causado um buraco em forma de cunha com rachaduras na parte inferior e que a água da chuva percolante nas redondezas dessa massa aquecida poderia durante muitos anos sucessivos ser conduzida de volta na forma de vapor.

---

[12] Spallanzani, Dolomieu e Hoffman descreveram casos similares nas ilhas vulcânicas italianas. Dolomieu diz que o ferro nas Ilhas Panza está redepositado na forma de veios (p. 86, *Mémoire sur les Isles Ponces*). Esses autores acreditam que o vapor deposita sílica, o que é agora experimentalmente conhecido, que o vapor em alta temperatura é capaz de dissolver sílica.

Taiti (Otaheite)

Eu visitei somente a parte noroeste dessa ilha e essa parte é inteiramente composta de rochas vulcânica. Próximo à costa existem diversas variedade de basalto, alguns com abundantes cristais de augita grandes e pontilhados por olivina, outros compactos e terrosos – alguns levemente vesiculares e outros ocasionalmente amigdaloidais. Essas rochas estão geralmente muito decompostas e para a minha surpresa encontrei algumas sessões em que foi impossível distinguir a linha de separação entre a lava podre e as camadas alternantes de tufo, mesmo quando observadas de perto. Quando os espécimes tornam-se secos, é mais fácil distinguir as rochas ígneas decompostas, dos tufos sedimentares. Essa gradação nas características entre rochas que têm origens tão diferentes eu acredito que possa ser explicada pelo esforço sob pressão dos lados macios das cavidades vesiculares, que em muitas rochas vulcânicas ocupam uma grande proporção de seu volume. Como as vesículas geralmente aumentam em tamanho e número nas porções superiores de um derrame de lava, portanto o efeito de sua compressão aumenta; o esforço, ainda mais em cada lado da vesícula, tenderia a perturbar toda a matéria macia acima dela. Então, podemos traçar uma perfeita gradação desde uma rocha cristalina inalterada para uma em que todas as partículas (embora originalmente fizesse parte de uma mesma massa sólida) tenham sofrido deslocamento mecânico, e essas partículas dificilmente poderiam ser distinguidas daquelas outras de composição similar, que foram depositadas como sedimento. Como as lavas são algumas vezes estratificadas em suas porções superiores, mesmo que em linhas horizontais, assemelhando-se àquelas de deposição aquosa, isso não poderia ser utilizado como critério de origem sedimentar em todos os casos. A partir dessas considerações não é surpreendente que muitos geólogos acreditavam em transições reais entre depósitos aquosos, passando por *wacke*, até encaixantes ígneas.

No vale de Tia-auru, a rocha mais comum são basaltos com muita olivina, em alguns casos quase totalmente composto de cristais grandes de augita. Eu selecionei alguns espécimes, com muito feldspato vítreo, com características similares ao traquito. Existem também muitos blocos grandes de basalto vesicular, com belíssimas cavidades preenchidas com cabazita (?) e maços de *mesotipos* radiantes. Alguns desses espécimes apresentam uma aparência curiosa, devido ao número de vesículas preenchidas parcialmente com um mineral mesotípico terroso, branco, macio, que intumesce sob um maçarico com uma maneira extraordinária. Como as superfícies superiores em todas as células parcialmente preenchidas são exatamente paralelas, é evidente que essa substância foi depositada no fundo de cada célula em função de seu peso. Algumas vezes, no entanto, esta substância preenche inteiramente as células. Outras células são muito preenchidas ou revestidas com pequenos cristais, aparentemente de cabazita; esses cristais, também, frequentemente alinham a metade superior das células parcialmente preenchida com o mineral terroso, bem como a superfície superior da substância, nesse caso os dois minerais aparecem misturar-se entre si. Eu nunca vi qualquer outra amígdala[13] com as células parcialmente preenchidas dessa maneira aqui descrita e é difícil imaginar a causa que determinou que o mineral terroso descesse por gravidade para a parte inferior das células, e o mineral cristalino aderisse como um revestimento (*coating*) de igual espessura ao redor de todos os lados das células.

Os estratos basálticos nos lados do vale são levemente inclinados em direção ao mar e eu não observei qualquer sinal de perturbação em nenhum lugar; as camadas são separadas uma das outras por camadas de conglomerado compactas, espessas, em que os fragmentos são grandes, algumas vezes arredondados, mas a maioria angular. A partir das características dessas camadas, das condições compactas e cristalinas da maioria das lavas e da natureza de minerais infiltrados, fui levado a supor que eles originalmente fluíram embaixo do mar. Essa conclusão está de acordo com o fato de que o rev. W. Ellis encontrou remanescentes marinhos que viviam a uma

---

[13] MacCulloch, no entanto, descreveu e fez uma ilustração (*Geolog. Trans. 1st Series*, vol. IV. P. 225) de uma rocha encaixante, com as cavidades preenchidas horizontalmente com quartzo e calcedônia. As metades superiores dessas cavidades são muitas vezes preenchidas por camadas que se seguem cada irregularidade da superfície e por pequenas estalactites composta pelas mesmas substancias silicosas.

considerável profundidade e que ele acredita estavam interestratificados com material vulcânico, como também é descrito pelos senhores Tyerman e Bennett em Huaheine, uma ilha neste mesmo arquipélago. O sr. Stutchbury também descobriu próximo ao pico de uma das montanhas mais altas do Taiti, na altura de milhares de pés, um estrato de um coral semifóssil. Nenhum desses remanescentes foram especificamente examinados. Na costa, onde massas de rochas-corais permitiriam uma mais clara evidência, eu procurei em vão por qualquer sinal de elevação recente. Para referências às referidas autoridades, e para mais razões detalhadas pelas quais não acredito que o Taiti foi elevado recentemente, eu dou como referência o meu volume (p. 138) sobre a *Estrutura e Distribuição de Recifes de Corais* (*On the Strutucture and Distribution of Coral Reefs*)

Maurício

Aproximando-se dessa ilha pelo lado norte e noroeste, uma cadeia curva de montanhas negras, coroada por cumes acidentados, é vista elevar-se a partir de bordas lisas de terras cultivadas, as quais descem suavemente em direção à costa. À primeira vista, é tentador acreditar que o mar recentemente alcançou a base dessas montanhas e após examinar tal ponto de vista, ao menos no que diz respeito aos limites das partes inferiores, essa compreensão parece ser perfeitamente correta. Vários autores[14] têm descrito massas de rochas-corais soerguidas ao redor da maior parte da circunferência da ilha. Entre Tamarn Bay e Great Black River observei na companhia do capitão Lloyd dois morrotes de rochas-corais, formadas na porção inferior por arenitos calcários duros, e em sua porção superior por blocos grandes, levemente agregados, de *Astræa* e *Madrepora*, além de

---

[14] Capitão Carmichael, em *Hooker's Bot. Misc.* Vol. 8. P. 301. Capitão Lloyd tem ultimamente, no *Proceedings of the Geological Society* (vol. III. P. 317), descrito cuidadosamente algumas dessas massas. No *Voyage à l'Isle de France par un Officier du Roi*, muitos fatos interessantes são dados sobre este assunto. Consulte também *Voyage aux Quatre Isles d'Afrique, par M. Bory St. Vincent*.

fragmentos de basalto; eles foram divididos em camadas com mergulhos em direção ao mar, em um caso com ângulo de 8°, e em outro com 18°; eles tinham aparência de desgaste por água e levantaram-se abruptamente a partir de uma superfície lisa, espalhados com detritos rolados de restos orgânicos, para uma altura de aproximadamente vinte pés. O *officier du roi*, em sua expedição mais interessante no ano de 1768 ao redor da ilha, descreveu massas de rochas-corais soerguidas que mantêm a estrutura em forma de canal (p. 54 do meu volume de *Recifes de Corais*), que é característico de recifes vivos. Na costa ao norte de Port Louis encontrei lava escondida por uma considerável área em terra, com conglomerado de corais e conchas, parecidos com aqueles da praia, mas em parte consolidados por um material vermelho ferruginoso. M. Bory St. Vincent descreveu uma camada de calcário similar sobre quase toda a planície de Pamplemousses. Próximo a Port Louis, quando virava algumas pedras grandes, que estavam no leito de uma cabeceira de um riacho protegido, e em uma altura de algumas jardas acima do nível de marés da primavera, eu encontrei diversas conchas de *Serpula* ainda aderentes a seus lados.

As montanhas recortadas próximas a Port Louis alcançam a altura entre 2.000 e 3.000 pés: elas consistem de estratos basálticos, obscuramente separados entre si por camadas firmemente agregadas de material fragmentado; e elas são intersectadas por poucos diques verticais. Os basaltos em alguns lugares contêm abundantes cristais grandes de augita e olivina e são geralmente compactos. O interior da ilha forma uma planície, elevada provavelmente em aproximadamente mil metros acima do nível do mar, e composta por derrames de lava que fluíram ao redor e entre as montanhas basálticas escarpadas. Estas lavas mais recentes também são basálticas, mas menos compactas, e algumas delas com abundante feldspato, de modo que elas fundem em um vidro de cor pálida. Nas margens do Great River, uma seção é exposta com aproximadamente 500 pés de profundidade, exibindo inúmeros derrames pouco espessos de lava desta série, que são separados entre si por camadas de escória. Elas parecem ser de formação subárea e ter fluído a partir de diversos pontos de erupção na plataforma central, do qual o Piton du Mileu é dito ser o ponto principal. Existem também diversos cones vulcânicos, aparentemente desse mesmo período, ao redor da circunferência da ilha, especialmente na ponta norte, onde eles formam pequenas ilhotas.

As montanhas compostas de basalto mais compacto e cristalino formam o principal esqueleto da ilha. M. Baily[15] defende que eles todos *"se dévelopment autour d'elle comme une ceinture d' immenses remparts, toutes affectant une pente plus ou moins inclinée vers le rivage de la mer, tandis au contraire, que vers le centre de l'ile elles présentent une coupe abrupte, et souvent taillée à pic. Toutes ces montagnes sont formées de couches parallèles inclinées du centre de l'île vers la mer"* ("se desenvolvem em torno dela como um cinturão de enormes muralhas, com um moderado declive em direção à costa, enquanto que, no sentido oposto, em direção ao centro da ilha, apresentam um corte abrupto, muitas vezes íngreme. Todas estas montanhas são formadas por camadas paralelas inclinadas a partir do centro da ilha em direção ao mar"). Essas declarações foram contestadas, embora não em detalhe, por M. Quoy, na viagem de Freycinet. E, tanto quanto limitados foram os meus meios de observação, acredito que este esteja perfeitamente correto.[16] As montanhas no lado NW da ilha, que eu examinei, chamadas La Pouce, Peter Botts, Corps de Garde, Les Mamelles, e aparentemente uma outra adiante em direção ao sul, tinham precisamente a forma externa e estratificação descritas por M. Bailly. Elas formam um quarto de seu cinturão de muralhas, embora essas montanhas estejam atualmente totalmente isoladas, sendo separadas entre si por fendas, mesmo a várias milhas de largura, através dos quais os derrames de lava fluíram a partir do interior da ilha; no entanto, observando suas similaridades gerais, deve-se sentir convencido de que elas originalmente formaram parte de uma massa contínua. A julgar pelo belo mapa de Mauritius, publicado por um almirante de um MS francês, existe uma cadeia de montanhas (M. Bamboo) no lado oposto da ilha que corresponde em altura, posição relativa e forma externa àquelas anteriormente descritas. Se esse cinturão esteve sempre completo isso pode ser questionado; mas, a partir das declarações de M. Bailly e de minhas próprias observações,

---

[15] *Voyage aux Terres Australes*, tom. I. p.54.

[16] M. Lesson, em sua descrição da ilha, na viagem do Coquille, aparece seguir as observações de M. Bailly.

pode-se concluir com segurança que as montanhas com flancos interiores íngremes e compostos por estratos que mergulham para fora uma vez estenderam-se ao redor de uma considerável porção da circunferência dela. O anel aparece ter sido oval e de vasto tamanho; seu eixo menor, medido através dos lados interiores das montanhas próximas a Port Louis e aquelas próximas a Grand Port, possuía ao menos 13 milhas geográficas em comprimento. M. Bailly esforçadamente supôs que esse enorme golfo, que tem sido desde então preenchido por uma grande extensão de derrames de lava moderna, foi formado pelo afundamento de toda a parte superior de um grande vulcão.

É notável como muitos aspectos dessas porções de Santiago e Mauritius que eu visitei concordam em sua história geológica. Em ambas as ilhas, montanhas de forma externa similar, estratificação e composição (ao menos em sua porção superior) seguem um cordão curvo na linha de costa. Estas montanhas em cada caso parecem originalmente ter sido formadas por uma massa contínua. Os estratos basálticos que as compõem, a julgar por sua estrutura compacta e cristalina, aparentam, quando contrastados com os derrames basálticos ao redor de formação subaérea, ter fluído debaixo da pressão do mar e ter sido subsequentemente elevados. Nós podemos supor que as amplas fendas entre as montanhas, em ambos os casos foram desgastadas pelas ondas, durante sua gradual elevação – dos quais processos, dentro dos tempos atuais, existem bastante evidências na costa de ambas as ilhas. Em ambos, grandes derrames de lavas basálticas mais recentes fluíram do interior da ilha, ao redor e entre as colinas basálticas antigas e nos dois ainda mais cones recentes de erupção estão esparramando em volta da circunferência da ilha, mas em nenhuma das duas houve erupções dentro do período histórico. Como ressaltado no último capítulo, é provável que essas montanhas basálticas antigas, que se assemelham (pelo menos em muitos aspectos) à parte basal e perturbada de dois vulcões gigantes, devem sua presente forma, estrutura e posição à ação de causas similares.

Arquipélago de São Pedro São Paulo (St. Paul's Rocks).

Esta pequena ilha está situada no Oceano Atlântico, quase um grau a norte do Equador e 540 milhas distante da América do Sul, na longitude 29°15' oeste. Seu ponto mais alto mal alcança 15 pés acima do nível do mar. Seu contorno é irregular, e sua circunferência inteira mal alcança três quartos de uma milha. Esse pequeno ponto de rocha ergue-se de abrupta para fora do oceano e exceto no seu lado oeste, não foi obtido sonar, mesmo que a uma curta distância de um quarto de milha da sua costa. Este não é de origem vulcânica e essa circunstância é a questão mais extraordinária de sua história (como será daqui para frente referida) e propriamente deveria ser excluída do presente volume. É composto por rochas, diferentes de quaisquer outras que já encontrei e que eu não pude caracterizar com qualquer nome, e devem portanto ser descritas.

O mais simples, e um dos mais abundantes tipos, é uma rocha preto-esverdeada muito compacta, pesada, tendo uma fratura irregular, angular, com alguns pontos duros o suficiente para riscar vidro, e infusível. Essa variedade passa para outras de coloração verde-pálida, menos dura, mas com uma fratura cristalina, e translúcida em suas bordas, e essas são fusíveis em um verde esmaltado. Diversas outras variedades são principalmente caracterizadas por conter inúmeros fios de serpentina verde-escura e por conter material calcário em seus interstícios. Estas rochas têm uma estrutura concrecionária, obscura, e são cheias de pseudofragmentos com cores variadas. Esses pseudofragmentos angulares consistem da rocha preto-esverdeada anteriormente descrita, de um tipo marrom macio de serpentina, e de uma pedra áspera amarelada, que, talvez, esteja relacionada à rocha com serpentina. Existem outras variedades vesiculares, calcário-ferruginosas, macias. Não existe estratificação distinta, mas as porções são imperfeitamente laminadas, e o todo possui abundantes veios e massas similares a veios, ambos pequenos e grandes. Dessas massas similares a veios, algumas são calcários, que contêm diminutos fragmentos de conchas e que são claramente de origem posterior aos outros.

Uma incrustação brilhante. Porções abrangentes dessas rochas são recobertas por uma camada de uma substância brilhante polida, com um brilho perolado e de uma cor branco-acinzentada; ela segue todas as irregularidades da superfície, ao qual está firmemente ligada. Quando examinada com lentes, percebe-se consistir de numerosas camadas finas, a sua espessura total é de aproximadamente um décimo de uma polegada. É consideravelmente mais dura do que um calcário espático, mas pode ser arranhada com uma faca; sob um maçarico esfolia-se, calcina-se, escurece ligeiramente, emite um odor fétido e torna-se fortemente alcalino: não efervesce em ácidos[17]. Eu presumo que essa substância foi depositada pela água, drenando o esterco das aves, com o qual as rochas são cobertas. Em Ascensão, próximo a uma cavidade nas rochas, que foi preenchida com uma massa laminada de esterco de aves, eu encontrei algumas massas estalactíticas, formadas irregularmente, aparentemente da mesma natureza. Essas massas, quando quebradas, tinham uma textura terrosa, mas nos seus lados, e especialmente nas suas extremidades, foram formadas por uma substância perolada, geralmente em pequenos glóbulos, como os esmaltes do dente, porém mais translúcida e com dureza capaz de arranhar vidro para espelhos. Essa substância escurece levemente sob o maçarico, emite um mau odor, então se torna praticamente branca, incha um pouco e funde-se em um esmalte branco; este não se torna alcalino e também não efervesce em ácidos. A massa inteira teve uma aparência colapsada, como se na formação da crosta dura brilhante, o todo tenha encolhido muito. No Arquipélago de Abrolhos, na costa do Brasil, onde também existe muito esterco de aves, eu encontrei uma grande quantidade de uma substância marrom, arborescente, aderida a alguma rocha encaixante. Na sua forma arborescente, essa substância se assemelha singularmente a algumas espécies ramificadas de Nulliporæ. Sob o maçarico, ele se comporta como os espécimes de

---

[17] Em meu *Journal* eu descrevi essa substância, que então acreditei que era um fosfato de cálcio impuro.

Ascensão, mas é menos dura e brilhante, e a superfície tem a aparência contraída.

CAPÍTULO III

Ascensão

Lavas basálticas. – Numerosas crateras truncadas no mesmo lado – Estrutura singular de bomba vulcânica – Explosão aeriforme – Fragmentos graníticos ejetados – Rochas traquíticas – Veios singulares – Jaspe, sua maneira de formação – Concreções em tufos pumíceos – Depósito calcário e incrustações frondescente na costa – Camadas extraordinariamente laminadas, alternando com, e passando para obsidiana – Origem da obsidiana – Rochas vulcânicas laminadas.

Esta ilha é situada no Oceano Atlântico, na latitude 8° S, longitude 14° W. Possui a forma de um triangulo irregular (veja mapa acompanhante) cada lado sendo de aproximadamente seis milhas de comprimento. Seu ponto mais alto está a 2.870 pés acima do nível do mar. É toda vulcânica e, pela ausência de provas contrárias, eu acredito em uma origem subaérea. A rocha essencial é toda de uma cor pálida, geralmente compacta, e de natureza feldspática. Na porção SE da ilha, onde o terreno mais alto está situado, ocorrem traquito bem caracterizado e outras rochas congêneres da família. Quase toda a superfície é coberta por derrames basálticos pretos e rugosos, com uma colina aqui e outra ali ou um único ponto de rocha (um dos quais perto da costa do mar, ao norte do Forte, com apenas dois ou três jardas de diâmetro) de traquito remanescente exposto.

Rochas basálticas. A lava basáltica sobreposta em algumas porções é extremamente vesicular, em outros lugares pouco vesiculares, de cor preta, mas algumas vezes contém cristais de feldspato vítreo e raramente muita olivina. Esses derrames apresentam ter notadamente pouca fluidez; suas paredes laterais e extremidades inferiores são íngremes e algumas vezes podem atingir entre 20 e 30 pés de altura. Sua superfície é extremamente irregular e a uma pequena distância aparece como se repletas de pequenas crateras. Essas projeções consistem de morros amplos, irregularmente cônicos, atravessados por fissuras, e compostas pelo mesmo basalto escoriáceo de forma desigual com os derrames circundantes, mas com uma tendência a estrutura colunar; alcançam a altura entre dez e 30 pés acima da superfície geral e têm sido formados, como eu presumo, pelo empilhamento de lava viscosa nos pontos de maior resistência. Na base de várias dessas colinas, e ocasionalmente da mesma forma em outros níveis, estrias sólidas, compostas de massas de basalto angulosas-globulares, assemelhando-se em tamanho e contorno a tubos arqueados ou canalizados, mas sem ser ocas, projetadas entre dois ou três pés acima da superfície dos derrames; qual origem pode ser, eu não sei. Muitos dos fragmentos superficiais desses fluxos basálticos apresentam formas singularmente convolutas, e alguns espécimes dificilmente poderiam ser distinguidos de uma madeira de cor escura sem sua casca.

Muitos desses derrames basálticos podem ser seguidos, seja em direção aos pontos de erupção na base da grande massa de traquito, ou para separar colinas cônicas vermelhas que estão espalhadas nos extremos norte e oeste da ilha. Permanecendo na porção central, eu contei entre 20 e 30 desses cones de erupção. O maior número deles teve seus picos truncados de forma oblíqua, e todos eles com mergulho em direção a SE, de onde sopram os ventos alísios[18]. Essa estrutura tem sido formada, sem dúvida, pela ejeção de fragmentos e cinzas sendo sopradas durante erupções em grandes quantidades em direção a um lado, em detrimento do outro. M. Moreau de Jonnès fez uma observação similar com relação aos orifícios vulcânicos nas ilhas do oeste indiano.

---

[18] M. Lesson, no *Zoology of the Voyage of the Coquille* (p. 490), observou esse fato. Sr. Hennah (*Geolog. Proceedings,* 1835, p. 189), além disso, ressalta que a maioria das camadas de cinzas de Ascensão invariavelmente ocorrem no lado a sotavento da ilha.

Bombas vulcânicas. Estas ocorrem em grande número disseminadas sobre o chão e algumas das quais ocorrem a grande distância a partir do ponto de erupção. Variam em tamanho de uma maçã a um corpo humano; possuem formato esférico ou de pera, ou com a parte posterior (similar a uma cauda de cometa) irregular, repleta de pontos salientes, e até mesmo côncavo. Suas superfícies são ásperas e fissuradas com rachaduras ramificadas; sua estrutura interna é irregularmente escoriácea e compacta, ou apresentam uma estrutura simétrica e aparência muito curiosa. Um segmento irregular de uma bomba, desse último tipo, dos quais encontrei diversas, é representada com precisão na xilogravura em anexo. Seu tamanho era aproximadamente o de uma cabeça de homem.

No. 3. Fragmento de bomba vulcânica esférica, com as porções interiores grosseiramente celulares, revestidos por uma camada concêntrica de lava compacta, e este de novo por uma crosta de rocha finamente celular.

O interior todo é grosseiramente celular; as células possuem diâmetro médio de um décimo de polegada, porém, decrescem em tamanho próximo ao lado de fora. Essa parte é sucedida por uma crosta bem definida de lava compacta, que tem uma espessura quase uniforme com cerca de um terço de polegada; a crosta é recoberta por um revestimento mais espesso de lava finamente celular (as células variam desde um quinquagésimo a um centésimo de uma polegada de diâmetro), que forma a superfície externa: a linha que separa a crosta de lava compacta da crosta escoriácea é distintamente definida. Essa estrutura é facilmente explicada se supormos uma massa de matéria escoriácea viscosa a ser lançada com um movimento rápido, com rotação no ar, pois enquanto a crosta externa, pelo resfriamento, torna-se solidificada (no estado em que vemos agora), a força centrífuga, aliviando a pressão nas porções interiores da bomba, permitiria que os vapores aquecidos expandissem suas células. Porém, esta bomba sendo conduzida pela mesma força contra uma crosta já endurecida, tornar-se-ia cada vez menos expandida, o quanto mais próximo estiver desta porção, até que se tornaria comprimida em uma casca concêntrica. Nós sabemos que lascas das pedras de afiar[19] podem ser lançadas, quando giram com velocidade suficiente, e não devemos duvidar que a força centrífuga poderia ter força de modificar a estrutura de uma bomba amolecida, na forma como aqui suposto. Geólogos têm ressaltado que a forma externa de uma bomba evidencia ao menos uma vez a história do seu percurso aéreo, e agora vemos que a estrutura interna pode falar, com quase igual clareza, de seu movimento rotatório.

M. Bory St. Vincent[20] descreveu algumas bolas de lava da Ilha de Bourbon, que tem uma estrutura muito similar; sua explicação, porém (se entendi corretamente), é muito diferente daquela que eu tenho dado; ele supõe que elas tenham rolado, como bolas de neve, descendo as laterais da cratera. M. Beudant[21], também tem descrito algumas pequenas bolas singulares de obsidiana, nunca com mais do que seis ou oito polegadas de diâmetro, que ele encontrou disseminadas sobre a superfície do chão: a sua forma é sempre oval; algumas vezes elas estão muito inchadas no meio, e até mesmo com

---

[19] *Nichol's Architecture of the Heavens.*

[20] *Voyage aux Quatre Isles d' Afrique*, tom. I. p. 222.

[21] *Voyage en Hongrie*, tom. II. p. 214.

forma espiralada: sua superfície é regularmente marcada com ranhuras e sulcos concêntricos, os quais em uma mesma bola estão em ângulos retos a um eixo: o seu interior é compacto e vítreo. M. Beudant supõe que as massas de lava, quando macias, foram arremessadas para o ar com um movimento rotatório em torno do mesmo eixo e que a forma e ranhuras superficiais das bombas foram assim produzidas. Sr. Thomas Mitchell disse-me que a princípio parece ser a metade de uma bola oval achatada de obsidiana; esta tem um aspecto singular com aparência artificial, que está bem representado (de tamanho natural) na gravura anexa.

No. 4. Bomba vulcânica de obsidiana da Austrália. A figura superior dá uma visão frontal; a inferior uma visão do mesmo objeto.

Esta foi encontrada em seu estado atual sobre uma grande planície de areia entre os rios Darling e Murray, na Austrália, a uma distância de diversas milhas de qualquer região vulcânica conhecida. Parece ter sido incorporada em alguma matéria tufácea avermelhada e pode ter sido transportada pelos aborígenes ou por meios naturais. O disco externo consiste de obsidiana compacta, de cor verde-garrafa, e está preenchido com lava preta finamente celular, muito menos transparente e vítreo do que a obsidiana. A superfície externa é marcada com quatro ou cinco cristas perfeitas, que são representadas especialmente separadas na xilogravura. Aqui também temos a estrutura externa descrita por M. Beudant e a condição interna celular das bombas de Ascensão. A superfície dessa abertura é ligeiramente côncava, exatamente como a margem de um prato de sopa, e sua borda interna sobrepõe um pouco o centro da lava celular. Essa estrutura é tão simetricamente redonda que somos forçados a supor que a bomba foi lançada durante um curso rotatório antes de ser totalmente solidificada e que as cristas e bordas foram ligeiramente modificadas e voltadas para dentro. Pode ser observado que os sulcos superficiais são planos, em ângulos retos a um eixo, transversais em relação ao eixo principal de um oval achatado: para explicar essa circunstância, nós podemos supor que, quando a bomba foi arremessada, o eixo de rotação foi alterado.

Explosões aeriformes. Os flancos da Green Mountain e entorno estão cobertos por uma grande massa de fragmentos soltos, com algumas centenas de pés de espessura. A camada inferior geralmente consiste de um tufo de grão fino, ligeiramente consolidado[22], e as camadas superiores com grandes fragmentos soltos alternam com camadas mais finas[23]. Uma camada branca de brecha púmicea decomposta curiosamente foi dobrada em profundas curvas ininterruptas, sob cada um dos fragmentos maiores do estrato superposto. A partir da posição relativa dessas camadas, eu presumo

---

[22] Algum peperino, ou tufo, é sucificientemente duro para não se quebrar com muita força com os dedos.

[23] Na parte norte da Green Mountain uma fina cobertura com aproximadamente uma polegada de espessura de óxido de ferro estende sobre uma considerável área; essa sobrepõe em conformidade na parte inferior da massa estratificada de cinza e fragmentos. Essa substância é de uma coloração vermelho-amarronzado, geralmente com um brilho metálico; não é magnético, mas torna-se após ser aquecido com um maçarico, sob o qual é escurecido e parcialmente fundido. Essa cobertura de rocha compacta, sendo interceptada pela pouca água da chuva que cai na ilha, gera uma pequena nascente gotejadora, primeiramente descoberta por Dampier. Essa é a única fonte de água doce da ilha, portanto a possibilidade de ser habitada foi inteiramente dependente da ocorrência dessa camada ferruginosa.

que uma cratera com uma abertura estreita, posicionada próximo à posição da Green Mountain, como uma grande arma de fogo lançou essa vasta acumulação de material solto, antes de sua extinção final. Subsequentemente a esse evento ocorreram deslocamentos consideráveis e um circo oval foi formado por subsidência. Esse espaço afundado está situado no pé nordeste da Green Mountain e está bem representado no mapa acompanhante. Em seu eixo principal, que é conectado com a linha da fissura NE e SW, possui três quintos de uma milha náutica de comprimento; seus lados são aproximadamente perpendiculares, exceto em um ponto, e possuem aproximadamente 400 pés de altura; eles consistem de um basalto pálido com feldspato na porção inferior e de um tufo com fragmentos ejetados soltos na porção superior; o fundo é liso e nivelado e sob quase qualquer outro clima um lago profundo teria sido formado aqui. A julgar pela espessura da camada de fragmentos soltos, com que o campo ao redor é coberto, a quantidade de material aeriforme necessária para sua projeção deve ter sido enorme; portanto, podemos supor que é provável, que após as explosões grandes cavernas subterrâneas foram deixadas, e o colapso do teto de alguma destas, produziu o buraco aqui descrito. No Arquipélago de Galápagos, poços de características semelhantes, mas com um tamanho muito menor, frequentemente ocorrem nas bases de pequenos cones de erupção.

Fragmentos graníticos ejetados. Nas redondezas da Green Mountain, fragmentos de rochas extrínsecas não são infrequentes de ser encaixados no meio das massas de escória. Tenente Evans, a quem estou em dívida pela bondade e por tantas informações, deu-me diversos espécimes, e eu encontrei outros. Quase todos têm uma estrutura granítica, são frágeis, ásperos ao toque, e as cores aparentemente são de alteração. Primeiro, um sienito branco, com listras e salpicados vermelhos; este consiste de feldspato bem cristalizado, numerosos grão de quartzo brilhante, embora pequenos, além de cristais de hornblenda. O feldspato e hornblenda nesse e nos casos seguintes têm sido determinados pelo goniômetro de reflexão e o quartzo pela sua ação sob o maçarico. O feldspato nestes fragmentos ejetados, assim como o tipo de vidro no traquito, é determinado como feldspato potássico de acordo sua clivagem.

Segundo, uma massa vermelho-tijolo de feldspato, quartzo e pequenos pedaços negros de um mineral alterado, uma partícula pequena das quais eu fui capaz de verificar pela sua clivagem ser hornblenda. Terceiro, uma massa confusamente cristalizada de feldspato branco, com pequenos ninhos de um mineral de cor escura, muitas vezes cariado, externamente arredondado, com uma fratura brilhante, mas sem clivagem distinguível: a partir da comparação com um segundo espécime, não tive dúvida de tratar-se de hornblenda fundida. Quarto, uma rocha que à primeira vista assemelha-se a um agregado simples de cristais grandes e distintos de feldspato labradorita escuro[24], mas em seus interstícios existem alguns feldspatos granulares brancos, escamas de micas abundantes, hornblenda pouco alterada, e, como acredito, sem quartzo. Eu descrevi esses fragmentos em detalhe porque é raro[25] encontrar rochas graníticas ejetadas a partir de vulcões com os minerais sem mudanças, como no caso do primeiro espécime, e parcialmente no segundo. Outro fragmento grande, encontrado em outro ponto, é

---

[24] Professor Miller tem sido cuidadoso ao examinar esse mineral. Ele obteve duas boas clivagens de 86° 30'e 86° 50'. A média de muitas, que eu fiz, foi 86° 30'. Prof. Miller defende que esses cristais, quando reduzidos a um pó fino, são solúveis em ácido hidroclórico, deixando sílex indissolúvel; a adição de oxalato de amônia resulta em um precipitado de cal abundante. Ele ainda observa que de acordo com Von Kobell, a anortita (um mineral que ocorre nos fragmentos ejetados do Monte Somna) é frequentemente branca e transparente, portanto, se esse for o caso, esses cristais de Ascensão precisam ser considerados como feldspato labradorita. Prof. Miller acrescenta que viu no *Erdmann's Journal für technische Chemie* um mineral ejetado de um vulcão que tinha características externas de feldspato labradorita, mas diferia da análise, realizada por mineralogistas, desse mineral: o autor atribui a diferença a um erro de análise do feldspato labradorita, que é muito antigo.

[25] Daubeny, no seu trabalho sobre vulcões (p. 386), ressalta que este é o caso; e Humboldt, em sua narrativa pessoal, diz: "Em geral, as massas de rochas primitivas comuns, quero dizer aquelas que se assemelham perfeitamente aos granitos, gnaisse, e micaxisto, são muito raras em lavas: as substâncias que geralmente chamamos de granito, expelidos pelo Vesúvio, são misturas de nefelina, mica e piroxênio".

merecedor de destaque; este é um conglomerado, contendo pequenos fragmentos de rocha granítica, celular, com jaspe, e de fenocristais de calcedônia, encaixados na base do *wacke*, encaixada por numerosas camadas de *pitchstone* concrecionários passando para obsidiana. Essas camadas são paralelas, ligeiramente tortuosas, e curtas; elas se afinam nas suas extremidades e assemelham-se em forma às camadas de quartzo em gnaisses. O provável é que esses pequenos fragmentos encaixados não foram ejetados separadamente, mas foram envolvidos em uma rocha vulcânica fluida, aliada à obsidiana, e logo veremos que diversas variedades dessa última série de rocha assumem uma estrutura laminada.

Rochas da série traquítica. Ocupam a parte mais elevada e central, e da mesma forma a porção sudeste da ilha. O traquito é geralmente de cor marrom-pálida, manchado com pedaços escuros; contém cristais quebrados e curvos de feldspato vítreo, grãos de ferro especular e pontos pretos microscópicos, que posteriormente, sendo levemente fundidos, tornam-se magnéticos, os quais presumo ser hornblenda. O maior número de colinas, porém, é composto por uma rocha friável, muito branca, similar a um tufo traquítico. Obsidiana, *hornstone* e diversos tipos de rochas feldspáticas laminadas são associadas com o traquito. Não existe estratificação distinguível; também não pude assinalar uma estrutura crateriforme em nenhuma das colinas das séries. Deslocamentos consideráveis ocorreram e muitas fissuras nessas rochas permanecem ainda abertas ou estão somente parcialmente preenchidos com fragmentos soltos. Dentro desse espaço[26], principalmente formado por traquito, alguns derrames basálticos extrudiram adiante; e não distante a partir do pico da Green Mountain existe um derrame de basalto vesicular, bastante negro, contendo diminutos cristais de feldspato vítreo, o qual possui a aparência arredondada.

---

[26] Este espaço é quase limitado por uma linha que rodeia a Green Mountain e junta-se às colinas, chamadas Weather Port Signal, Holyhead e a denominada (impropriamente no sentido geológico) *"the crater of an old volcano"* ("a cratera de um vulcão antigo").

A pedra branca e macia acima mencionada é admirável em sua aparência singular, quando vista em massa assemelha-se a um tufo sedimentar: porém isso foi muito antes que eu pudesse me convencer de que essa não era sua origem; outros geólogos ficaram perplexos pela formação extremamente similar em regiões traquíticas.

Nos dois casos essa rocha branca terrosa formou colinas isoladas e em uma terceira está associada com traquito colunar e laminado, mas fui incapaz de traçar uma junção atual. Essa rocha contém numerosos cristais de feldspato vítreo e pontinhos pretos microscópicos e é marcada com manchas negras pequenas, exatamente como no traquito circunvizinho. Sua base, de qualquer forma, quando vista sobre o microscópio, é geralmente bastante terrosa, mas algumas vezes existe uma estrutura decididamente cristalina. Na colina marcada *"the crater of an old volcano"* ("a cratera de um vulcão antigo"), a rocha passa para uma variedade cinza-esverdeada pálida, diferindo somente em sua cor, não sendo apenas terrosa; sua passagem foi em um caso afetada de forma não perceptível e em outra foi formada por numerosas massas de uma variedade esverdeada, arredondada e angulares, sendo encaixada em uma variedade branca; neste último caso, a aparência foi muito parecida com a de um depósito sedimentar, rasgado e desgastado, durante a deposição de um estrato subsequente. Ambas as variedades são atravessadas por numerosos veios tortuosos (presentemente a ser descritos) que são diques injetados totalmente diferentes, ou mesmo de qualquer outro veio que eu tenha observado. Ambas as variedades incluem alguns fragmentos dispersos, grandes e pequenos, de rochas escoriáceas de cor escura, as células de algumas das quais são parcialmente preenchidas com a pedra branca terrosa; eles também incluem alguns grandes blocos de um pórfiro celular[27]. Esses fragmentos afloram a partir de uma superfície alterada, e perfeitamente mostram fragmentos inseridos em um tufo sedimentar verdadeiro. Mas, como é conhecido que fragmentos estranhos de rochas celulares são algumas vezes incluídos em traquito colunar,

---

[27] O pórfiro possui cor escura. Contêm numerosos cristais, frequentemente fraturados, de feldspato branco opaco, também cristais decompostos de óxido de ferro. As vesículas incluem massas de cristais delicados, com aparência de cabelo, aparentemente de analcima.

fonolito[28] e em outras lavas compactas, essa circunstância não é um argumento real para a origem sedimentar desta rocha branca terrosa[29]. A passagem repentina de uma variedade esverdeada para uma branca, e igualmente uma passagem mais abrupta de fragmentos dos primeiros sendo incorporados no último, poderia resultar de ligeiras diferenças na composição da mesma massa de rocha fundida, e a partir da ação abrasiva de uma parte ainda fluida, sobre uma parte já solidificada. Os veios curiosamente formados, acredito, foram formados por uma matéria silicática sendo subsequentemente segregada. Mas minha principal razão para acreditar que essas rochas brancas terrosas, com fragmentos estranhos, não são de origem sedimentar é a extrema improbabilidade de cristais de feldspato, manchas microscópicas negras e pequenas manchas de uma cor mais escura que ocorrem nos mesmos números proporcionais em um depósito aquoso e em massas de traquito sólido. Além disso, como já observei, o microscópio ocasionalmente revela aparentemente uma estrutura cristalina na base terrosa. Por outro lado, a decomposição parcial dessas grandes massas de traquito, formando montanhas inteiras, é sem dúvida uma circunstância de difícil explicação.

Veios de massas traquíticas terrosas. Esses veios são extraordinariamente numerosos e intersectam de maneira mais complicada ambas as variedades de traquito terroso: eles são mais bem observados nos flancos da "crater of the old volcano" ("cratera de um vulcão antigo". Eles contêm cristais de feldspato vítreo, manchas microscópicas pretas e pequenas manchas escuras,

---

[28] D´Aubuisson Traité de Géognosie, tom. II p. 548.

[29] Dr. Daubeny (Volcanos, p. 180) parece ter sido levado a acreditar que certas formações traquíticas de Ischia e de Puy de Dôme, que em muito se assemelham com essas de Ascensão, tiveram origem sedimentar, principalmente pela presença frequente neles de "porções escoriforme, com cores diferentes na matriz". Dr. Daubeny adiciona, por outro lado, que Brocchi e outros proeminentes geólogos, consideram essas camadas como variedades terrosas de traquito; ele considera o assunto merecedor de maior detalhamento.

precisamente como na rocha ao redor, mas a base é muito diferente, sendo excessivamente dura, compacta, um tanto frágil, e com uma fusibilidade um pouco menor. Os veios variam muito e repentinamente, desde um décimo de polegada até uma polegada de espessura; frequentemente afinam não somente em seus limites, mas em suas partes centrais, deixando portanto aberturas redondas irregulares, suas superfícies são ásperas.

Eles são inclinados em ângulos sempre próximos ao horizonte, ou são horizontais; são geralmente curvilíneos e frequentemente se inter-relacionam. A partir de sua dureza eles resistem às intempéries e projetam-se dois ou três pés acima do chão; ocasionalmente estendem-se por alguns metros de comprimento: esses veios em forma de placa, quando atingidos, emitem um som muito parecido com um tambor e podem ser claramente vistos a vibrar; seus fragmentos, que são espalhados pelo chão, ressoam como peças de ferro, quando chocados umas com as outras. Eles frequentemente assumem as formas mais singulares; eu observei um pedestal de traquito terroso, coberto por uma porção hemisférica de um veio, como um grande guarda-chuva suficientemente largo para cobrir duas pessoas. Eu nunca encontrei, ou vi descrito, qualquer veio como esse, mas eles se assemelham na forma às crostas ferruginosas, devido a algum processo de segregação que ocorre não raramente em arenitos – por exemplo, no arenito New Red da Inglaterra. Veios numerosos de jaspe e sínter silicoso, que ocorrem no pico da mesma colina, mostram que existem algumas fontes abundantes de sílica e como esses veios em forma de placa diferem de um traquito, somente pela sua maior dureza, fragilidade, e fusibilidade mais difícil, parece provável que a sua origem é devida à segregação ou infiltração de matéria silicosa, da mesma maneira como acontece com os óxidos de ferro em muitas rochas sedimentares.

Sínter silicoso e jaspe. O sínter silicoso pode ser tanto muito branco, de baixa gravidade específica, e com uma fratura um pouco perolada, passando para quartzo rosa-perolado, ou é branco-amarelado, com uma fratura dura, e, então, contém um pó terroso em pequenas cavidades. Ambas as variedades ocorrem tanto em massas irregulares grandes em traquito alterado, ou inclusas e misturadas em amplos veios irregulares, verticais, tortuosos, de uma, rocha de uma cor vermelha escura, compacta, aparecendo com um arenito. Essa rocha, no entanto, é somente um traquito alterado; e uma variedade quase semelhante, mas frequentemente com aparência de um favo de mel, algumas vezes adere aos veios em forma de placa que se projetam, descritos no parágrafo anterior. O jaspe é de cor amarelo-ocre ou vermelha; ocorre em grandes massas irregulares e algumas vezes em veios, ambos em traquitos alterados e associados a uma massa de basalto escoriáceo. As células do basalto escoriáceo estão alinhadas ou preenchidas com camadas concêntricas de calcedônia fina, revestida e cravejada com óxido de ferro vermelho-vivo. Nessa rocha, especialmente nas porções mais compactas, fragmentos angulares irregulares são inclusos, os limites dos quais repentinamente misturam-se na massa encaixante; outros fragmentos ocorrem tendo uma característica intermediária entre o jaspe perfeito e a base basáltica ferruginosa e decomposta. Nesses fragmentos, e da mesma forma nas grandes massas de jaspe com aparência de veio, existem pequenas cavidades, com exatamente o mesmo tamanho e forma das células-aéreas, em que no basalto escoriáceo são preenchidas e alinhadas com camadas de calcedônia. Pequenos fragmentos de jaspe, examinados sob o microscópio, assemelham-se a calcedônia com os materiais coloridos não separados em camadas, mas misturados na pasta silicosa, junto com algumas impurezas. Eu consigo entender esse fato – denominado a mistura de jaspe em um basalto semidecomposto – essa ocorrência em fragmentos angulares, que claramente não ocupa buracos preexistentes na rocha – e estes contendo pequenas vesículas preenchidas com calcedônia, como aquelas lavas escoriáceas – somente pela suposição de que o fluido, provavelmente o mesmo fluido que depositou a calcedônia nas células-aéreas, removeu daquelas porções onde não haviam cavidades os ingredientes da rocha basáltica e deixou no lugar, sílica e ferro e portanto produziram o jaspe. Em alguns espécimes de madeira silicificada observei que, da mesma maneira como no basalto, as porções sólidas foram convertidas em uma pedra homogênea de cor escura, onde as cavidades formadas pelos caminhos da seiva (que podem ser comparados com as vesículas-aéreas nas lavas basálticas) e outros buracos irregulares, aparentemente produzidos por alteração, preenchidos com camadas concêntricas de calcedônia; nesse caso, não deve haver dúvidas de que o mesmo fluido depositou a base homogênea e as camadas de calcedônia. Após essas considerações, eu não posso duvidar, mas o jaspe de Ascensão pode ser visto como uma rocha vulcânica silicificada, precisamente no mesmo senso como esse termo é aplicado à madeira quando silicificada: nós somos igualmente ignorantes sobre os mecanismos pelos quais todo átomo da madeira, enquanto em perfeito estado, é removido e substituído por átomos de sílica, como nós somos um dos meios pelos quais as partes constituintes de uma rocha vulcânica poderiam atuar[30]. Fui levado a um exame cuidadoso dessas rochas e às conclusões aqui dadas a partir do que ouvi do rev. Professor Henslow, que expressa uma opinião similar, relacionando a origem com as de rochas encaixantes que contêm muitas calcedônias e ágatas. Depósitos silicosos parecem ser em geral, se não de ocorrência universal, em tufos traquíticos parcialmente decompostos[31], e como estas colinas, de acordo com a visão dada acima, consistem de traquitos macios e alterados *in situ*, a presença de sílica livre nesse caso pode ser adicionada como mais uma instância para a lista.

Concreções em tufos pumíceos. A colina, marcada no mapa "crater of an old volcano," ("cratera de um vulcão antigo") não

---

[30] Beudant (*Voyage en Hongrie*, tom. III. p. 502, 504) descreve massas com formato de rim de jaspe-opala que tanto misturam-se aos conglomerados traquíticos encaixantes quanto estão encaixadas no que se assemelha a *clalk-flints* e ele compara com os fragmentos de madeira opalizada, que são abundantes na mesma formação, um pouco mais do que uma simples infiltração, do que uma troca molecular, mas a presença da concreção, totalmente diferente da matéria circundante, se não se formou em um buraco preexistente, parece claramente exigir tanto um deslocamento mecânico ou molecular de átomos, que ocuparam o espaço posteriormente preenchidos por ele. O jaspe-opala da Hungria passa para calcedônia e, portanto, neste caso, como naquele de Ascensão, o jaspe aparece estar intimamente relacionado em origem com a calcedônia.

[31] Beudant (*Voyage Min*, tom. III. p. 507) enumera casos na Hungria, Alemanha, França central, Itália, Grécia e México.

merece esta denominação; o que pude descobrir, exceto por ser coroado por picos em forma de pires, circulares, muito rasos, com aproximadamente metade de uma milha de diâmetro. Esse buraco tem sido preenchido por muitas camadas sucessivas de cinzas e escória, de diferentes cores, e levemente consolidadas. Cada camada sucessiva, em forma de pires, aflora por toda a margem, formando muitos anéis de cores diversas, e dando à colina uma aparência fantástica. O anel externo é amplo e de cor branca e dessa forma assemelha-se a um campo no qual os cavalos se exercitam; recebeu o nome de Devil's Riding School (Escola de Equitação do Diabo), com o qual é geralmente conhecido. As sucessivas camadas de cinzas devem ter caído por sobre todo o país, mas elas devem ter sido desintegradas, exceto nesse buraco, devido provavelmente à presença da umidade acumulada, seja durante um ano extraordinário quando cai chuva, ou durante as tempestades que geralmente acompanham erupções vulcânicas. Uma dessas camadas de cor rosa, e principalmente derivada a partir de fragmentos decompostos de púmice pequenos é notável por conter numerosas concreções. As concreções são geralmente esféricas, com tamanho de meia polegada até três polegadas de diâmetro, mas são ocasionalmente cilíndricas, como aquelas piritas de ferro no chalk da Europa. Elas consistem de uma pedra castanha, compacta, muito dura, com uma fratura lisa e uniforme. São divididas em camadas concêntricas, por partições brancas, que assemelham-se a superfícies externas; seis ou oito dessas camadas são distintivamente definidas próxima a parte externa, mas aquelas em direção à parte interna geralmente tornam-se indistintas e se misturam em uma massa homogênea. Eu presumo que essas camadas concêntricas foram formadas pelo encolhimento das concreções, quando tornaram-se compactas. A porção interior é geralmente fissurada por pequenas rachaduras de Spetaria, que estão alinhadas, tanto preto e metálica, quanto por por outra branca com pontos cristalinos, a natureza dos quais não fui capaz de verificar. Muitas das grandes concreções consistem de uma mera concha esférica, cheia de cinzas um pouco consolidadas. As concreções contêm uma pequena proporção de carbonato de cal: um fragmento colocado sob o maçarico craqueia, então clareia e se funde em um esmalte com imperfeições, mas não se torna cáustico. As cinzas circunvizinhas não contêm qualquer carbonato de cal, portanto, as concreções podem provavelmente ter sido formadas, como frequentemente é o caso, pela agregação dessa substância. Eu não encontrei qualquer ocorrência de concreção similar e, considerando sua grande tenacidade e compactação, a sua ocorrência em uma camada, que provavelmente tem sido sujeita somente à umidade atmosférica, é notável.

Formação de calcário na costa marinha. Em diversas praias marinhas existe uma imensa acumulação de pequenas partículas bem arredondadas de conchas e corais, com cores amareladas e róseas, intercaladas com poucas partículas vulcânicas. Na profundidade de poucos pés, são encontrados cimentadas juntas a uma rocha, cujas variedades mais macias são utilizadas na construção; existem outras variedades, tanto grossas como com granulação fina, muito dura para esse propósito, e eu vi uma massa dividida em camadas de meia polegada de espessura que estava tão compacta que, quando golpeada com um martelo, soou como uma pederneira. Acredita-se pelos habitantes que as partículas tornam-se unidas no curso de um ano. A união é feita pelo material calcário e na maioria das variedades compactas cada partícula arredondada de concha e rocha vulcânica pode ser claramente vista envelopada por uma casca de carbonato de cal. Poucas conchas extremamente perfeitas estão embutidas nas massas aglutinadas e eu ainda examinei um grande fragmento sob um microscópio, sem ser capaz de descobrir o menor vestígio de estria ou outras marcas da forma externa: isso mostra quanto tempo cada partícula deve ter sido rolada, antes de ser incorporada e cimentada[32]. Uma das variedades mais compactas, quando colocada em ácido, foi inteiramente dissolvida, com exceção de alguns materiais floculantes de origem animal; sua densidade específica foi 2,63. A gravidade especifica de calcários comuns varia de 2,6 a 2,75; mármore de Carrara puro foi validado pelo sr. H. De la Beche[33] com uma densidade especifica de 2,7. É extraordinário que

---

[32] Os ovos de tartaruga sendo enterrados pela mãe por vezes tornam-se aprisionados na rocha sólida. Sr. Lyell deu uma figura (*Principles of Geology, book III. ch 17*) de alguns ovos contendo ossos de tartarugas jovens, encontrados assim sepultados.

[33] *Researches in Theoretical Geology*, p. 12.

essas rochas de Ascensão, formadas próximo à superfície, possam ser tão compactas quanto um mármore, que sofre a ação de aquecimento em regiões plutônicas.

A grande acumulação de partículas de calcário soltas, repousando na praia próximos ao assentamento, começam no mês de outubro, movendo-se em direção ao SW, que, como fui informado pelo tenente Evans, é causada por uma alteração na direção prevalecente das correntes. Nesse período as pedras de maré, no final SW da praia, onde a areia calcária está acumulando, e em torno do qual as correntes varrem, tornam-se gradualmente revestidas com uma incrustação calcária, de meia polegada de espessura, que é muito branca, compacta, com algumas partes um pouco espáticas, e estão firmemente ligadas à rocha. Após um curto período de tempo essa camada gradualmente desaparece, sendo ou redissolvida, quando a água é menos carregada com cal, ou mais provavelmente desgastado mecanicamente. O tenente Evans observou esses fatos durante os seis anos em que residiu em Ascensão. A incrustação varia em espessura em diferentes anos: em 1831, foi incrivelmente espessa. Quando eu estava lá em julho, não existia remanescente da incrustação, mas, sobre uma ponta de basalto, a partir da qual os pedreiros tinham recentemente removido uma massa de cantaria calcária, a incrustação estava perfeitamente preservada. Considerando a posição das pedras de maré e o período no qual elas tornaram-se revestidas, não pode haver dúvidas que o movimento e a perturbação da vasta acumulação de partículas calcárias, muitas dos quais parcialmente aglutinados, fazem com que as ondas do mar sejam tão altamente carregadas com carbonato de cal que elas o depositam sobre os primeiros objetos contra os quais incidem. Eu fui informado pelo tenente Holland, R. N. que as incrustações são formadas sobre muitas partes da costa, na maioria das quais, eu acredito, existem da mesma forma grandes massas de conchas trituradas.

Incrustações de calcário em folhas. Em muitos aspectos este é um depósito único; reveste durante todo o ano as rochas vulcânicas de maré, que se projetam nas praias compostas de conchas quebradas. Sua aparência geral está bem representada na xilogravura, mas as folhas ou discos, das quais são compostas, são geralmente tão proximamente amontoados que se tocam. Essas folhas têm limites sinuosos finamente crenulados e eles se projetam sobre seus pedestais ou suportes; suas superfícies superiores são ou levemente côncavas, ou levemente convexas; são altamente polidas e de coloração muito escura ou negra; suas forma é irregular, geralmente circular, e varia desde um décimo de polegada a uma polegada e meia de diâmetro; sua espessura, ou quantidade de sua projeção a partir da rocha em que está implantada, varia muito, sendo um quarto de um polegada talvez o mais comum. As folhas ocasionalmente tornam-se mais convexas, até elas passarem para massas botrioidais com seus picos fissurados; quando neste estado, elas são brilhantes e de um preto intenso, portanto, assemelhassem-se a substâncias metálicas fundidas. Eu mostrei a incrustação, tanto nesta condição, quanto em seu estado normal, a vários geólogos, mas não se pode conjecturar sua origem, exceto que talvez fosse de natureza vulcânica!

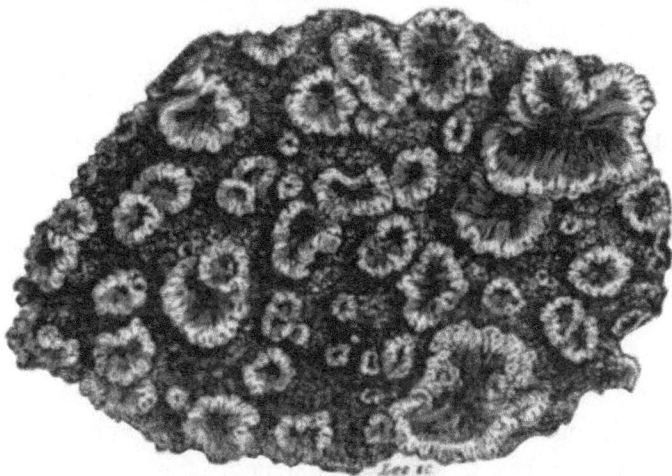

No. 5. Uma incrustação de material calcário e animal, revestindo as rochas de marés em Ascensão.

A substância formadora das folhas possui uma fratura muito compacta e quase sempre cristalina; os limites são translúcidos e duros o suficiente para arranhar um calcário espático. Sob o maçarico este imediatamente torna-se branco e emite um forte odor animal, como aqueles emitidos por conchas frescas. É principalmente composto de carbonato de cal; quando colocado em ácido muriático espuma muito, deixando um resíduo de sulfato de cal e óxido de ferro junto com um pó negro, que não é solúvel em ácidos aquecidos. Esta última substância parece ser carbonífera e é evidentemente o material colorante. O sulfato de cal é estranho e ocorre em placas lamelares distintas excessivamente diminutas, cravejadas nas superfícies das folhas, e é incorporado entre finas camadas dos quais é composto; quando um fragmento é aquecido no maçarico, essas lamelas tornam-se imediatamente visíveis. Os limites originais das folhas podem frequentemente ser traçados, seja uma partícula diminuta de concha fixada em uma fenda na rocha, ou diversos cimentados juntos; os primeiros tornam-se profundamente corroídos pelo poder de dissolução das ondas, em cumes afiados, e então são revestidos com sucessivas camadas de incrustações calcárias cinza-brilhantes. As desigualdades do suporte primário afetam o contorno de cada camada sucessiva, da mesma maneira como podem ser observadas em pedras de bezoar quando um objeto como uma unha forma o centro de agregação. Os contornos crenulados das folhas parecem, no entanto, ser devido ao poder corrosivo das ondas no seu próprio depósito, alternando com deposições frescas. Em algumas rochas basálticas lisas na costa de Santiago encontrei uma camada extremamente fina de material calcário marrom, que sob uma lente apresentou uma semelhança em miniatura com as folhas crenuladas e polidas de Ascensão; neste caso a base não foi proporcionada por nenhuma partícula estranha que se projeta. Embora a incrustação de Ascensão seja persistente ao longo do ano, ainda a partir da aparência de algumas partes desgastadas e a partir da aparência de outras partes frescas o conjunto parece passar por um ciclo de decadência e renovação, provavelmente devido a mudanças na forma de deslocamento da praia e consequentemente na ação da rebentação, portanto, provavelmente esta é a razão pela qual a incrustação nunca adquire uma grande espessura. Considerando a posição das rochas incrustadas no meio da praia calcária, juntamente com sua composição, eu acho que não pode haver dúvidas de que sua origem é devido à dissolução e subsequente deposição de material, composto por partículas arredondadas de conchas e corais[34]. A partir dessa fonte deriva a matéria animal, que é evidentemente o princípio colorante. A natureza do depósito, em seu estágio incipiente, pode frequentemente ser observada sobre um fragmento de concha branca quando encravada entre duas folhas; esse em seguida aparece exatamente como uma pincelada do mais fino verniz de cor cinza pálido. Sua obscuridade varia um pouco, mas os pontos escuros de algumas folhas e de massas botrioidais parecem devido à translucidez das sucessivas camadas de cinza. Existe, no entanto, essa circunstância singular, que quando depositada no lado debaixo de camadas de pedra ou em fissuras parece sempre ser de uma cor cinza-perolada, pálida, mesmo quando de considerável espessura: então, somos levado a supor que uma abundância de luz é necessária para o desenvolvimento da cor escura, da mesma forma como observado ser o caso de superfícies superiores expostas de conchas de moluscos vivas, que são sempre escuras, comparadas com as superfícies inferiores e com as porções habitualmente cobertas pelo manto do animal. Nessa circunstância, considerando a imediata perda de cor e o odor emitido sob o maçarico – o grau de dureza e translucidez dos contornos – e a beleza da superfície polida[35], rivalizando com o estado fresco da mais fina

---

[34] A selenita, como já observei, é exógena e deve ter sido derivada a partir da água do mar. É, portanto, uma circunstância interessante encontrar ondas do oceano suficientemente carregadas com sulfato de cal a ponto de depositá-las nas rochas, contra as quais se chocam em cada maré. Dr. Webster descreveu *(Voyage of the Chanticleer, vol. II. p. 319)* camadas de gesso e sal com até dois pés de espessura deixadas pela evaporação do *spray* sobre as rochas na costa do barlavento. Lindas estalactites de selenita, assemelhando-se em forma àquelas de carbonato de cal são formadas próximas a essas camadas. Massas amorfas de gesso, também, ocorrem em cavernas no interior da ilha e em Cross Hill (uma antiga cratera) eu observei uma quantidade considerável de sal escorrendo a partir de uma pilha de escória. Nesses últimos casos, o sal e o gesso aparecem relacionados a produtos vulcânicos.

[35] A partir do fato descrito em meu *Journal of Researches* (p. 12), sobre o revestimento de óxido de ferro depositado por uma corrente sobre as rochas nessa camada (similar ao revestimento nas grandes cataratas de Orinoco e Nilo), tornando-se finamente polidas quando

azeitona, há uma notável analogia entre essa incrustação inorgânica e as conchas de animais moluscos vivos[36]. Este me parece um fato filosófico interessante[37].

Camadas laminadas singulares alternadas com e passando para obsidiana. Essas camadas ocorrem dentro do distrito traquítico, na base oeste da Green Mountain, sob as quais mergulham com a mais alta inclinação. Elas estão somente parcialmente expostas, sendo cobertas pelas modernas ejeções; a partir dessa causa, fui incapaz de traçar sua junção com o traquito, ou descobrir se tinham fluído como um derrame de lava ou sido injetadas em meio a estratos que cobrem. Existem três camadas principais de obsidiana, das quais a mais espessa forma a base da seção. As camadas de rochas alternantes me parecem eminentemente curiosas, e devem ser descritas primeiro, e depois sua passagem para a obsidiana. Elas têm uma aparência extremamente diversificada; cinco variedades principais podem ser notadas, mas estas misturam-se insensivelmente entre si por gradações infinitas.

---

as ondas atuam, eu presumo que as ondas nessas instâncias, também, sejam um agente polidor.

[36] Na seção descritiva de St. Paul's Rocks eu descrevi uma substância perolada, brilhante, que recobre as rochas, e uma incrustação estalactítica associada em Ascensão, a crosta que se assemelha ao esmalte de dente, mas é dura suficiente para riscar vidro. Ambas essas substâncias contêm material animal e parecem ter sido derivadas da água que percola o estrume dos pássaros.

[37] Sr. Horner e Sir David Brewster descreveram (*Philosophical Transactions*, 1836, p. 65) uma "substância artificial, que se assemelha a conchas". Ela é depositada em lâminas finas, transparentes, altamente polidas, de coloração marrom, possuindo propriedades óticas peculiares, na parte de dentro de um recipiente, forrado com um pano, primeiramente preparado com cola e depois com cal, que é feito girar rapidamente em água. É muito mais macia, transparente e contém mais material animal do que as incrustações naturais de Ascensão, mas nós aqui vemos novamente a tendência forte com que o carbonato de cal e o material animal evidentemente formam uma substancia sólida aliada às conchas.

Primeiro: uma rocha cinza-pálida, irregular e grosseiramente laminada[38], assemelhando-se a uma ardósia argilosa que esteve em contato com um dique-encaixante e com uma fratura com aproximadamente o mesmo grau de estrutura cristalina. Essa rocha, como as variedades seguintes, facilmente funde-se formando um vidro pálido. A maior parte assemelha-se a um favo de mel com cavidades irregulares, angulares, de modo que o todo tem uma aparência de cárie, e alguns fragmentos assemelham-se de forma notável aos troncos de madeira apodrecidos silicificados. Essa variedade, especialmente onde mais compacta, está frequentemente marcada com estrias esbranquiçadas e finas, que estão tanto alinhadas quanto envolvendo, um atrás do outro, as cavidades de cárie alongadas.

Segundo: uma rocha cinza-azulada ou castanho-pálida, compacta, pesada, homogênea, com uma fratura desigual, angular e terrosa; observada, no entanto, sob uma lente de alta potência, a fratura aparece ser distintamente cristalina e ainda minerais separados podem ser distinguidos.

Terceiro: uma rocha similar à última, mas listrada com numerosas linhas brancas, paralelas, levemente tortuosas, da espessura de cabelo. Essas linhas brancas são mais cristalinas do que as partes entre elas e as rochas partem-se ao longo delas: frequentemente se expandem em cavidades extremamente finas, que são em geral somente percebidas com uma lente. O material formador das linhas brancas torna-se mais bem cristalizado nessas cavidades e o prof. Miller teve a sorte, depois de diversas tentativas,

---

[38] Este termo abre possibilidade a alguns erros de interpretação, pois pode ser aplicado tanto para rochas dividas em laminas com exatamente a mesma composição, e para camadas firmemente unidas entre si, sem tendência a fissilidade, mas composto por diferentes minerais, ou diferentes matizes de cores. O termo laminado, neste capítulo, é aplicado no último sentido; onde uma rocha homogênea se parte, no sentido de uma determinada direção, para ardósia argilosa, usei o termo fissil.

de verificar que os cristais maiores eram de quartzo[39] e que as agulhas diminutas e verdes são de augita, ou, como geralmente chamam, diopsídio: além desses cristais, existem alguns diminutos, pontos escuros sem um traço de cristalização, e alguns materiais cristalinos finos, brancos, granulares, provavelmente de feldspato. Diminutos fragmentos desta rocha são facilmente fusíveis.

Quarto: uma rocha cristalina compacta, bandada em linhas retas com inúmeras camadas de cores brancas e cinzas, variando em espessura a partir de 1/30 a 1/200 de uma polegada; essas camadas parecem ser compostas principalmente de feldspato e contêm inúmeros cristais perfeitos de feldspato vítreo, que são dispostos longitudinalmente; eles também são densamente cravejados com pintas pretas, amorfas, microscopicamente pequenas, que são dispostas alinhadas, seja separadamente ou, mais frequentemente, unidas, duas ou três ou muito mais, em linhas negras, finas como cabelo. Quando um pequeno fragmento é aquecido em um maçarico, as manchas negras são facilmente fundidas em grânulos pretos brilhantes, que se tornam magnéticos – características que não se aplicam a minerais comuns, exceto hornblenda ou augita. Junto aos pontos negros existem alguns outros misturados de cor vermelha, que são magnéticos antes do aquecimento, e sem dúvida são óxidos de ferro. Em duas pequenas cavidades redondas, como o espécime dessa variedade, eu encontrei pontos negros agregados em diminutos cristais, similares a augita ou hornblenda, mas muito difíceis de ser medidos pelo goniômetro; nesse espécime, também, pude distinguir no meio do feldspato cristalino grãos que tinham aspectos de quartzo. Ao tentar com uma régua paralela, eu descobri que as camadas finas cinza e negras como fios de cabelo estavam absolutamente retas e paralelas umas às outras. É impossível traçar uma gradação a partir do cinza homogêneo para essas variedades listradas, ou mesmo as características de diferentes camadas em um mesmo espécime, sem sentir-se convencido de que a brancura mais ou menos perfeita do material feldspático depende de uma maior ou menor agregação da

---

[39] Professor Miller informou-me que esses cristais que ele mediu possuem faces P, Z, M da figura (147) dada por Haidinger em sua tradução de Mohs e ele adiciona que é notável que nenhum deles teve traços leves de faces R do prisma regular com seis lados.

matéria difusa, em manchas pretas e vermelhas de hornblenda e óxido de ferro.

Quinto: uma rocha pesada, não laminada, com uma fratura irregular, angular, altamente cristalina, com abundantes cristais distintos de feldspato vítreo, e a base cristalina feldspática manchada com um mineral negro, que sobre superfícies intemperizadas é visto agregado em pequenos cristais, alguns perfeitos, mas num maior número imperfeitos. Eu mostrei esse espécime a um geólogo experiente e perguntei o que seria e ele respondeu, como eu acho que qualquer outro teria feito, que era uma *greenstone* primitivo. A superfície intemperizada, também, da variedade bandada exposta, notadamente se assemelha a um fragmento gasto de gnaisse finamente laminado.

Essas cinco variedades, com muitas intermediárias, passam e repassam entre si. Como as variedades compactas são bastante subordinadas às outras, o conjunto pode ser considerado como laminado ou estriado. As lâminas, resumindo suas características, são ou bastante retas, ou levemente tortuosas, ou convolutas; elas são todas paralelas entre si e as camadas de obsidianas intercaladas são em geral extremamente finas; consistem ou de uma rocha compacta de aparente homogeneidade, listrada com diferentes tons de cinza e marrom, ou de camadas cristalinas feldspáticas em um estado de pureza mais ou menos perfeito e de diferentes espessuras, com cristais distintos de feldspato vítreo dispostos longitudinalmente, ou de camadas muito finas compostas principalmente de cristais diminutos de quartzo e augita, ou compostos de manchas negras e vermelhas de um mineral augítico e de um óxido de ferro, tanto cristalino ou imperfeito. Após ter descrito completamente a obsidiana, voltarei ao assunto da laminação de rochas da série traquítica.

A passagem das camadas anteriores para o estrato de obsidiana vítrea é realizada de diversos modos: primeiro, massas angulares-modulares de obsidiana, ambas grandes e pequenas, abruptamente aparecem disseminadas em uma rocha xistosa, ou em uma rocha feldspática amorfa de cor pálida, com uma fratura perlácea. Segundo, pequenos nódulos irregulares de obsidiana, tanto separadamente ou unidos em finas camadas, raramente com mais de um décimo de polegada de espessura, alternam-se repetidamente com camadas muito finas de uma rocha feldspática, que é listrada com as mais finas e coloridas zonas paralelas, como uma ágata, e que algumas vezes passam para um *pitchstone* natural; os interstícios entre os nódulos de obsidiana são geralmente preenchidos por um material branco, que se assemelha a cinzas púmiceas. Terceiro, o conjunto de substâncias da rocha delimitadora de repente passa para uma massa concrecionária angulosa de obsidiana. Tais massas (bem como os pequenos nódulos) de obsidiana são de cor verde-pálida, em paralelo com as lâminas da rocha envolvente; elas também contêm geralmente esferulitos brancos diminutos, dos quais a metade é por vezes incorporado em uma sombra de cor, e metade em uma zona de outra sombra. A obsidiana assume a sua cor preta e fratura perfeitamente conchoidal somente em grandes massas; mas mesmo nesses casos, em um exame cuidadoso, e mantendo as amostras em diferentes luzes, eu posso distinguir geralmente linhas paralelas de diferentes tons de obscuridade.

Uma das mais comuns rochas transicionais merece em diversos aspectos uma descrição detalhada. Ela é de uma natureza muito complicada e consiste de camadas de rocha feldspática de cor pálida, fina, levemente tortuosa, frequentemente passando para um *pitchstone* imperfeito, alternado com camadas formada por inúmeros pequenos glóbulos de duas variedades de obsidiana, e por dois tipos de esferulitos, encaixados em uma base macia ou dura perlácea. Os esferulitos são brancos e translúcidos ou marrom-escuros e opacos; os primeiros são bastante esféricos, de pequeno tamanho, e distintamente irradiados a partir do centro. Os esferulitos marrom-escuros são menos perfeitamente arredondados e variam em diâmetro a partir de 1/10 a 1/30 de uma polegada; quando quebrados exibem em direção ao seu centro, que é esbranquiçado, uma estrutura radiada obscura; dois deles, quando unidos, algumas vezes têm somente um ponto central de radiação; existe ocasionalmente um traço de um buraco ou fenda em seus centros. Eles permanecem ou separados, ou unidos dois ou três ou mais juntos em grupos irregulares, ou mais comumente em camadas, paralelas à estratificação da massa. Essa união em muitos casos é tão perfeita que esses dois lados das camadas então formados são muito próximos e essas camadas, ao se tornar menos marrons e opacas, não podem ser distinguidas a partir de camadas alternadas de rocha feldspática de cor pálida. Os esferulitos, quando não unidos, são geralmente comprimidos no plano da laminação da massa e nesse mesmo plano eles são frequentemente marcados internamente por zonas de diferentes tipos de cor e externamente por pequenos sulcos e fendas. Na porção superior da xilogravura os esferulitos com sulcos paralelos e fendas estão representados em uma escala ampliada, mas não estão bem executados, e na porção inferior sua maneira comum de agrupamento é mostrada. Em outro espécime, uma fina camada formada de esferulitos marrons unidos proximamente, intersecta, como representado na xilogravura n° 7, uma camada de composição similar; após um pequeno espaço uma linha levemente curvada de novo o intersecta e da mesma forma uma segunda camada repousa um pouco abaixo daquela primeiramente intersectada.

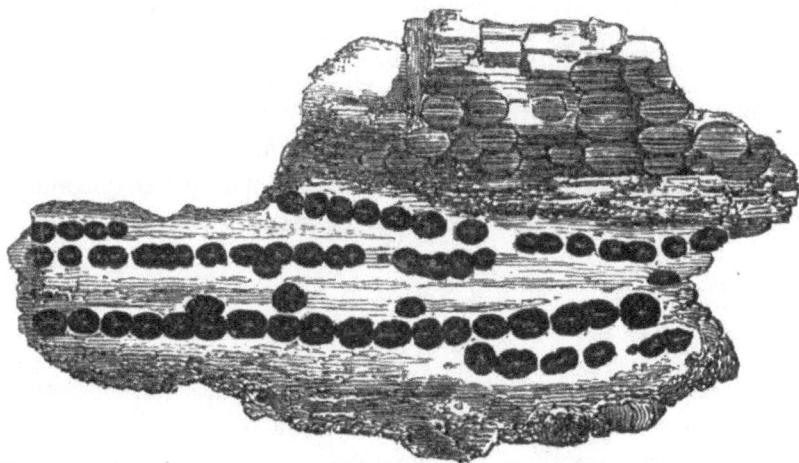

No. 6. Esferulitos marrom-opacos, desenhados em uma escala ampliada. Os superiores estão externamente marcados com sulcos paralelos. A estrutura radial dos esferulitos inferiores, está muito mais claramente representada.

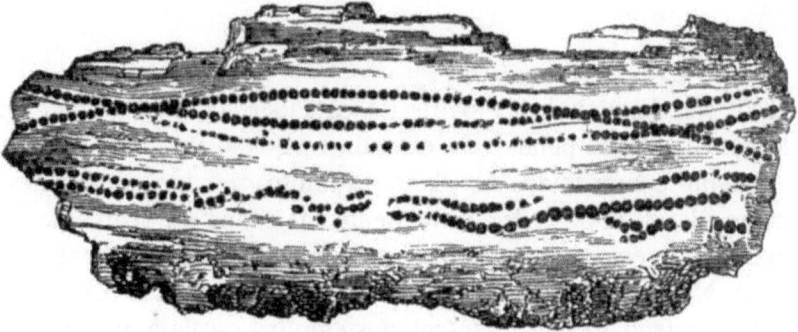

No. 7. Uma camada formada pela união de diminutos esferulitos marrons, intersectando duas outras camadas similares: conjunto representado com tamanho próximo ao natural.

Os pequenos nódulos também de obsidiana estão algumas vezes externamente marcados com sulcos e fendas, paralelas à laminação da massa, mas geralmente menos claros do que nos esferulitos. Esses nódulos de obsidiana são geralmente angulares, com suas arestas enervadas; estão frequentemente impressos com o formato dos esferulitos adjacentes, dos quais são geralmente maiores; os nódulos separados raramente aparecem ter desenhado um ao outro, exercendo uma força de atração mutua. Se eu não tivesse encontrado em alguns casos um centro distinto de atração nesses nódulos de obsidiana teria sido levado a considerá-los como um material residual, deixado durante a formação da *pearlstone* no qual estão encaixados, e de glóbulos esferulíticos.

Os esferulitos e pequenos nódulos de obsidiana nessas rochas tão proximamente se assemelham em forma geral e estrutura a concreções em depósitos sedimentares que é tentador atribuir-lhes uma origem análoga. Assemelham-se a concreções ordinárias nos seguintes aspectos: na sua forma externa; na união de duas ou três ou de diversas concreções, em uma massa irregular, ou mesmo em uma camada, na intersecção ocasional de uma camada por outra, como no caso dos *chalk-flints*; na presença de dois ou três nódulos, frequentemente unidos, na mesma base; na estrutura radial, fibrosa, com buracos ocasionais em seus centros; na coexistência de concreção laminária e estrutura radial, como é tão bem desenvolvida nas concreções de calcário magnesiano, descritas pelo professor Sedwick[40]. Concreções em depósitos sedimentares, como são conhecidas, são ocasionadas pela separação a partir da massa encaixante do conjunto ou parte de alguma substância mineral e de sua agregação ao redor de certos pontos de atração. Guiado por esse fato, eu me aventurei a descobrir se a obsidiana e os esferulitos (a que podem ser adicionados marekanita e *pearlstone*, ambas ocorrendo em concreções nodulares nas séries traquíticas) diferem em suas partes constituintes, a partir de minerais que geralmente compõem rochas traquíticas. Aparece a partir de três análises que a obsidiana contém uma média de 76% de sílica; a partir de uma análise, os esferulitos contêm 79,12%; a partir de duas, que a marekanita contém 79,25%; e a partir de duas outras análises, que *pearlstone* contêm 75,62% de sílica[41]. Agora, as partes constituintes do traquito, como podem ser distinguidss, consistem de feldspato, contendo 65,21% de sílica, ou de albita contendo 69,09%; hornblenda contendo 55,27%[42] e de óxido de ferro: portanto, a substância da concreção vítrea precedente contém uma proporção maior de sílica do que aquela encontrada em rochas feldspática ou traquítica comuns. D'Aubuisson[43], também, tem ressaltado a grande proporção de sílica comparada com alumina, em seis análises de obsidiana e *pearlstone* dada em *Brongniart's Mineralogy*. Então, concluo que as concreções precedentes têm sido formadas por um processo de agregação, estritamente análoga àquelas que ocorrem em depósitos aquosos, atuando principalmente na sílica, mas da mesma forma em outros elementos da massa encaixante, e portanto produzindo as diferentes variedades concrecionárias. A partir do conhecido efeito do rápido resfriamento[44] que dá a textura vítrea é provavelmente necessário que

---

[40] Geological Transactions, vol. III. Part I. p. 37.

[41] As análises precedentes foram retiradas do *Beudant Traité de Minéralogie*, tom. II. p. 113; e uma análise de obsidiana do *Phillips's Mineralogy*.

[42] Essas análises foram retiradas do *Von Kobell's, Grundzüge der Mineralogie*, 1838.

[43] *Traité de Géogn.* tom ii. p. 535.

[44] Este é visto na fabricação de vidro comum e no experimento de Gregory

a massa inteira, como aquele de Ascensão, deva ter resfriado a certa taxa; mas, considerando as repetidas e complicadas alternâncias de nódulos e finas camadas de textura vítrea com outras camadas bastante duras ou cristalinas, todas dentro de um espaço de poucos pés ou mesmo polegadas, é dificilmente possível que eles tenham resfriado com diferentes taxas e, portanto, adquirido suas diferentes texturas.

Os esferulitos naturais nessas rochas[45] em muito se assemelham aos produzidos no vidro quando resfriados lentamente. Em alguns espécimes finos de vidro parcialmente devitrificados, pertencentes ao sr. Stokes, os esferulitos são unidos por todos os lados e em uma das superfícies exteriores formando camadas retas, paralelas entre si, exatamente como na obsidiana. Essas camadas algumas vezes se interdigitam e formam laços, mas não observei nenhum caso de intersecção atual. Elas compõem a passagem de porções perfeitamente vítreas para aquelas quase homogêneas e duras, com somente uma estrutura concrecionária obscura. No mesmo espécime, também, esferulitos diferem levemente em cor e estrutura, ocorrendo encaixados muito próximos. Considerando esses fatos, esta é apenas uma confirmação da visão dada acima sobre a origem da concreção de obsidiana e esferulito natural, indo ao encontro daquilo que M.

Watts com fundidos aprisionados; também sobre superfícies naturais de derrames de lava, e nas paredes de diques.

[45] Eu não sei se é de conhecimento geral que corpos com a mesma aparência de esferulitos algumas vezes ocorrem em ágatas. Sr. Robert Brown me mostrou em uma ágata, formada dentro de uma cavidade em uma peça de madeira silicificada, algumas pequenas manchas, que somente eram visíveis a olho nu; essas manchas, quando colocadas por ele sob uma forte lente, apresentavam uma bela aparência: eram perfeitamente circulares e consistiam das mais finas fibras de uma cor marrom, radiais com grande precisão a partir de um centro comum. Essas pequenas estrelas radiantes são ocasionalmente intersectadas e as porções são bastante cortadas por zonas de cores semelhantes a fitas, finas, na ágata. Na obsidiana de Ascensão as metades de um esferulito frequentemente se encontram em diferentes zonas de cores, mas eles não estão cortados por eles, como na ágata.

Dartigues[46], no seu trabalho intrigante sobre este tópico, atribuiu à produção de esferulitos no vidro a diferentes ingredientes obedecendo às suas próprias leis de atração e tornando-se agregados. Ele é conduzido a acreditar que isso ocorre a partir da dificuldade em refundir vidro esferulítico sem o conjunto ser primeiramente pulverizado e misturado e da mesma forma como o fato de que as mudanças ocorrem mais rapidamente em vidros compostos por muitos ingredientes. Na confirmação da visão de M. Dartingues, posso ressaltar que M. Fleuriay de Bellevue[47] descobriu que as porções esferulíticas de vidro devitrificado reagiram de forma diferente quando colocado ácido nítrico e sob o maçarico, a partir da pasta compacta em que foram incorporados.

Comparação de camadas de obsidiana e estratos alternados de Ascension com aquelas de outros países.

Fiquei impressionado com tamanha surpresa, de quão próximas estão as excelentes descrições de rochas obsidianas da Hungria, dadas por Beudant[48], e aquelas dadas por Humboldt, de mesma formação no México e Peru[49], e da mesma forma com as descrições dadas por diversos autores[50] em regiões traquíticas nas ilhas italianas, em acordo com minhas descrições em Ascensão. Muitas passagens poderiam ser transferidas sem alteração a partir dos trabalhos dos autores acima e poderiam ser aplicados para esta ilha. Eles todos concordam pela característica laminada e estratificada do conjunto e Humboldt fala que algumas das camadas de obsidiana estão

---

[46] *Journal de Physique*, tom. 59 (1804), p. 10, 12.

[47] Idem, tom. 60 (1805), p. 418.

[48] *Voyage en Hongrie*, tom. I. p. 330; tom. II. p. 221 & 315; tom. III. p. 369, 371, 377, 381.

[49] *Essai Géognostique*, p. 176, 326, 328.

[50] P. Scrope, em *Geological Transactions*, vol. II. (*second series*) p. 195. Consulte, também, *Dolimieu's Voyage aux isles Lipari*, e *D'Aubuisson Traité de Géogn.* tom. II. p. 534.

enlaçadas como jaspe[51]. Eles todos concordam com as características nodulares ou concrecionárias da obsidiana e pela passagem desses nódulos para camadas. Todos referem repetidas alternâncias, frequentemente em planos ondulatórios, de vidro, perláceo, duro e camadas cristalinas: as camadas cristalinas, no entanto, parecem estar muito mais perfeitamente desenvolvidas em Ascensão do que nos países citados acima. Humboldt compara algumas das camadas duras, quando observadas a partir de certa distância, a um estrato de um arenito xistoso. Esferulitos são descritos ocorrendo abundantemente em todos os casos e estes autores em todos os lugares observam a marca da passagem a partir de camadas perfeitamente vítrea para uma dura e para camadas cristalinas. Todas as considerações de Beudant[52] no seu "perlite lithoide globulaire", até no mais insignificante detalhe, poderiam ter sido escritas para os pequenos glóbulos esferulíticos marrons das rochas de Ascensão.

A partir das muitas similaridades, em tantos aspectos, entre as formações de obsidiana da Hungria, México, Peru e de algumas das

---

[51] Na fina coleção de obsidianas do México pertencentes ao sr. Stokes observei que os esferulitos estão geralmente muito maiores do que aqueles de Ascensão; eles são geralmente brancos, opacos, e estão unidos em camadas distintas: existem muitas variedades singulares, diferentes de qualquer outra de Ascensão. As obsidianas são finamente zonadas, em linhas bastante retas ou curvas, com excessivas diferenças leves de tonalidade, celularidade, e diferentes graus de translucidez. A partir de algumas zonas vítreas menos perfeitas elas são vistas tornarem-se cravejadas com diminutos esferulitos brancos, que se tornam mais ou menos numerosos até que se unem e formam uma camada distinta: por outro lado, em Ascensão, somente os esferulitos marrons se unem e formam camadas; os brancos geralmente estão irregularmente disseminados. Alguns espécimes da Sociedade Geológica dizem pertencer a uma formação de obsidiana do México, com uma fratura terrosa, e estão divididos em lâminas finamente paralelas, por manchas de um mineral preto, similar a manchas augíticas ou hornblêndicas das rochas de Ascensão.

[52] *Beudant's Voyage*, tom. III. p. 373.

ilhas italianas com as de Ascensão eu dificilmente duvidaria que nesses casos a obsidiana e os esferulitos devem sua origem a uma agregação de sílica e de alguns outros elementos constituintes, que ocorreu enquanto a massa liquefeita se resfriou em uma determinada taxa requerida. De qualquer forma, é bem conhecido que em diversos lugares a obsidiana fluiu em derrames de lava; por exemplo, em Tenerife, nas Ilhas Lipari e na Islândia[53]. Nesses casos, as partes superficiais são as mais perfeitamente vítreas e a obsidiana passa em profundidade de alguns pés em uma rocha opaca. Em uma análise por Vauquelin de um espécime de obsidiana de Hecla, que provavelmente fluiu como lava, a proporção de sílica está próxima da encontrada nos nódulos ou na obsidiana concrecionária do México. Poderia ser interessante verificar se as porções interiores opacas e o revestimento superficial vítreo contêm a mesma proporção de partes constituintes: nós sabemos a partir de M. Dufrénoy[54]‡ que as porções exteriores e interiores de um mesmo derrame de lava algumas vezes diferem consideravelmente em sua composição. Mesmo que todo o conjunto de fluxo de obsidiana venha a ser similarmente composto com obsidiana nodular, somente seria necessário, de acordo com os fatos precedentes, supor que a lava nesses casos tenha erupcionado com os ingredientes misturados na mesma proporção, como na obsidiana concrecionária.

Laminação de rochas vulcânicas da série traquítica. Nós temos visto que em diversos e distantes países espalhados estratos alternados com camadas de obsidiana são altamente laminados. Os nódulos de obsidiana, também, tanto grandes quanto pequenos, são zonados com diferentes tonalidades de cor e eu observei um espécime do México na coleção do sr. Stokes com uma superfície externa intemperizada[55] com cristas e sulcos, que correspondem às zonas de

---

[53] Para Tenerife, leia *Von Buch Descript. des isles Canaries*, p. 184 e 190; para as Ilhas Lipari, veja *Dolimieu's Voyage*, p. 34; para Islândia, veja *Mackenzie's Travels*, p. 369.

[54] *Mémoires pour servir a une descript. Géolog. de la France*, tom. IV. p. 371.

[55] MacCulloch defende (*Classification of Rocks*, p. 531), que as superfícies expostas de diques *pitchstone* em Arran estão franzidas "com linhas ondulantes, assemelhando-se a determinadas variedades de papel

diferentes graus de vitrificação: Humboldt[56], aliás, encontrou no pico de Tenerife um derrame de obsidiana dividido por uma extremamente fina camada de púmice alternada. Muitas outras lavas da série feldspática são laminadas; portanto, massas de traquito comuns de Ascensão são divididas por linhas finas terrosas, ao longo das quais a rocha se divide, separando as camadas finas com diferentes tonalidades sutis; o maior número, também, de cristais de feldspato vítreo está colocado longitudinalmente na mesma direção. O sr. P. Scrope[57] descreveu um extraordinário traquito colunar nas Ilhas Panza que parecem ter sido injetados dentro de uma massa sobreposta de conglomerado traquítico: este é listrado com zonas, frequentemente de extrema finura, com diferentes texturas e cores; as zonas mais duras e escuras parecem conter uma proporção maior de sílica. Em outra parte da Islândia, existem camadas de *pearlstone* e *pitchstone* que em muitos aspectos assemelham-se àquelas de Ascensão. As zonas do traquito colunar são geralmente contorcidas e estendem-se de forma ininterrupta por uma grande extensão na direção vertical, aparentemente paralelas às paredes da massa semelhante a um dique. Von Buch[58] descreveu em Tenerife um derrame de lava contendo inúmeros cristais de feldspato tipo placa, finos, que estão arranjados como fios brancos, um atrás do outro, em que a maioria segue a mesma direção; Dominieu[59] também defende que as lavas cinza do moderno cone de Vulcano, que possuem uma textura vítrea, estão listradas com linhas brancas paralelas; ele descreve ainda uma pedra-pomes sólida que possui uma estrutura fissil, similar a encontrada em xistos micáceos. Fonolitos, os quais eu pude observar, são frequentemente, senão sempre, rochas injetadas, e também frequentemente têm uma estrutura fissil, geralmente devido

---

marmorizado, e que evidentemente resulta de alguma diferença correspondente da estrutura laminar".

[56] *Personal Narrative*, vol. I. p. 222.

[57] *Geological Transactions*, vol. II. (*second series*) p. 195.

[58] *Description des Iles Canaries*, p. 184.

[59] *Voyage aux Iles de Lipari*, p. 35 e 85.

às posições paralelas de cristais de feldspato inclusos, mas algumas vezes, como em Fernando de Noronha, parecem ser independentes de sua presença[60]. A partir desses fatos nós vemos que várias rochas da série feldspática possuem tanto uma estrutura laminada ou físsil e que esta ocorre em ambas as massas, as quais têm sido injetadas dentro dos estratos sobrepostos e em outras que fluíram como derrames de lava.

As lâminas das camadas, alternadas com a obsidiana de Ascensão, mergulham a alto ângulo sob a montanha, na base da qual elas estão situadas e não se apresentam como se tivessem sido inclinadas violentamente. Uma alta inclinação é comum nessas camadas no México, Peru, e em algumas das ilhas italianas[61]; por outro lado, na Hungria, as camadas são horizontais; as lâminas, também, de alguns derrames de lava sobre o referido, pelo que pude entender de longe a partir das descrições dadas, parecem ser altamente inclinadas ou verticais. Eu duvido que em qualquer um desses casos a laminação tenha sido inclinada para sua posição atual e em alguns casos, como aquele do traquito descrito pelo sr. Scrope, é quase certo que ele tenha sido originalmente formado com elevada inclinação. Em muitos desses casos, existe evidência de que a massa de rocha liquefeita foi movida na direção das lâminas. Em Ascensão, muitas das células-aéreas têm uma aparência prolongada e são atravessadas por fibras grossas semivítreas, no sentido das lâminas, e em algumas camadas, separando os glóbulos esferulíticos, têm uma aparência marcada, como se produzida pelo crivo dos glóbulos.

---

[60] Neste caso, e naquele da rocha púmicea físsil, a estrutura é muito diferente dos casos anteriores, em que a laminação consiste de camadas alteradas de diferentes composições ou textura. Em algumas formações sedimentares, de qualquer forma, que aparentemente são homogêneas e físseis, como em ardósia vítrea, existe uma razão para acreditar, de acordo com D'Aubuisson, que as lâminas são realmente devido à alternância excessivamente fina de camadas de mica.

[61] Veja *Phillips' Mineralogy*, para as ilhas italianas, p. 136. Para México e Peru, veja *Humboldt's Essai Géognostique*. Sr. Edwards, também, descreve as altas inclinações para as rochas obsidianas do *Cerro del Navaja*, no México, no *Proc. of the Geolog. Soc. for June*, 1838.

Observei um espécime da obsidiana zonada do México na coleção do sr. Stokes com as superfícies de camadas listradas bem definidas ou sulcadas com linhas paralelas e essas linhas ou estrias precisamente assemelham-se àquelas produzidas sobre a superfície da massa de vidro artificial que foi derramada sobre um vaso. Humboldt, também, descreveu pequenas cavidades, que ele compara com caudas de cometas, detrás de esferulitos em rochas de obsidiana laminadas do México, e o sr. Scrope descreveu outras cavidades atrás de fragmentos incorporados em um traquito laminado e que ele supõe ter sido produzido durante o movimento da lava[62]. A partir dessa observação, a maioria dos autores tem atribuído a laminação dessas rochas vulcânicas ao seu movimento enquanto liquefeita. Embora seja fácil de perceber por que cada célula-aérea separada, ou cada fibra de pedra-pomes[63], deve ser estirada na direção do movimento da massa: isso não é obvio à primeira vista em razão pela qual essas células-aéreas e fibras devem estar arranjadas pelo movimento nos mesmos planos, em lâminas absolutamente retas e paralelas umas às outras e muitas vezes de extrema finura,; e ainda menos óbvio é a razão pela qual tais camadas possuem composição ligeiramente diferentes e diferentes texturas.

No esforço para descobrir a causa da laminação dessas rochas ígneas feldspáticas voltemos aos fatos tão minuciosamente descritos em Ascensão. Nós podemos ver que algumas das mais finas camadas são sobretudo formadas por numerosos, excessivamente pequenos, embora perfeitos, cristais de diferentes minerais; que outras camadas

---

[62] *Geological Transactions*, vol. II. (*second series*), p. 200. Esses fragmentos encaixados, em algumas instâncias, consistem de traquito laminado quebrado e "envelopado naquelas partes, que continuaram remanescentemente liquidas." Beudant, também, frequentemente refere-se, em seu grande trabalho sobre a Hungria (tom. III. p. 386), a rochas traquíticas irregularmente manchadas com fragmentos das mesmas variedades, que em outras partes formam fitas paralelas. Nesses casos, podemos supor que após parte da massa fundida ter assumido uma estrutura laminada, uma erupção fresca de lava quebra a massa e envolve fragmentos e que subsequentemente o conjunto torna-se laminado.

[63] *Dolimieu's Voyage*, p. 64.

são formadas pela união de diferentes tipos de glóbulos concrecionários e que estas camadas então formadas frequentemente não podem ser distinguidas daquelas camadas feldspáticas comuns ou *pitchstone* que compõem uma grande porção de todo o conjunto. A estrutura de fibras radiais dos esferulitos parece, julgando a partir de casos análogos, conectar as forças cristalinas e concrecionárias: os cristais separados, também, de feldspato todos repousam no mesmo plano paralelo[64]. Estas forças aliadas, portanto, tiveram parte importante na laminação da massa, mas elas não podem ser consideradas forças primárias; para diversos tipos de nódulos, tanto os menores quanto os maiores, são internamente zonados com tons excessivamente finos, paralelos à laminação do conjunto, e muitos deles estão, também, externamente marcados na mesma direção com sulcos longitudinais e sulcos paralelos, que não foram produzidos pela ação do intemperismo.

Algumas das melhores estrias coloridas nas camadas duras, alternadas com obsidiana, podem ser distintamente vistas devido a uma cristalização incipiente dos constituintes minerais. O comprimento pelo qual os minerais cristalizaram, pode, também, ser distintamente visto conectado com maior ou menor tamanho e com o número de pequenas cavidades aéreas crenuladas ou fissuras achatadas. Numerosos fatos, como o caso dos geodos, e das cavidades em madeira silicificada, em rochas primárias e em veios, demonstram que a cristalização é muito favorecida pelo espaço. Então, eu concluo que se durante o resfriamento de uma massa de rocha vulcânica qualquer causa produz em planos paralelos um número de pequenas fissuras ou zonas de menor tensão (que a partir dos vapores represados poderiam frequentemente ser expandidos em cavidades de ar crenuladas) a cristalização das partes constituintes, e provavelmente a formação de concreções, poderia ser induzida ou

---

[64] A formação, de fato, de um grande cristal de qualquer mineral em uma rocha de composição mista implica na agregação dos átomos necessários aliada à ação concrecionária. A causa de os cristais de feldspato, nessas rochas de Ascensão, estar todos colocados longitudinalmente é provavelmente a mesma que alonga e nivela na mesma direção todos os glóbulos esferulíticos marrons (que se comportam como feldspato sob um maçarico).

mais favorecida nesses planos e, portanto, uma estrutura laminada do tipo que nós estamos aqui considerando poderia ser formada.

Que alguma coisa produz zonas paralelas de menor tensão em rochas vulcânicas, durante sua consolidação, nós precisamos admitir no caso de finas camadas alternadas de obsidiana e púmice descritas por Humboldt, e das pequenas células aéreas crenuladas achatadas nas rochas laminadas de Ascensão; por nenhum outro motivo podemos conceber a razão pela qual os vapores confinados durante a sua expansão formam células de ar ou fibras em planos paralelos, separados, ao invés de distribuir-se irregularmente por toda a massa. Na coleção do sr. Stokes eu tenho visto um belo exemplo dessa estrutura, em um espécime de obsidiana do México, que está sombreada e zonada, como a mais rara ágata, com inúmeras camadas perfeitamente paralelas, mais ou menos opacas e brancas, ou quase perfeitamente vítrea; o grau de opacidade e translucidez depende do número de células de ar achatadas microscopicamente pequenas; nesse caso, é difícil duvidar que essa massa, à qual o fragmento pertenceu, tenha sido sujeita a alguma ação, provavelmente prolongada, que causou ligeira tensão que o fez variar em planos sucessivos.

Diversas causas parecem ser capazes de produzir zonas de tensão diferentes, em uma massa semiliquefeita pelo aquecimento. Em um fragmento de vidro devitrificado, eu observei camadas de esferulitos que pareciam, pela maneira com que eles estavam abruptamente dobrados, ter sido produzidas pela simples contração da massa no vaso, no qual foi resfriado. Em certos diques no Monte Etna, descritos por M. Elie de Beaumont[65], bordejados por bandas alternadas de rocha escoriácea e compacta, ele supõe que o movimento de distensão dos estratos circundantes, que originalmente produziu as fissuras, continuou enquanto a rocha injetada permanecia fluida. Guiado, no entanto, pela clara descrição do professor Forbes[66] da estrutura zonada de uma geleira, a explicação mais provável da estrutura laminada dessas rochas feldspáticas

---

[65] *Mem. pour servir*, &c., tom. IV. p. 131.

[66] *Edinburgh New Phil. Journal*, 1842, p. 350.

parece ser que elas têm sido esticadas enquanto fluem lentamente adiante em condição pastosa[67], precisamente da mesma maneira como o professor Forbes acredita, que o gelo de glaciares que se movimentam é esticado e fissurado. Em ambos os casos, as zonas podem ser comparadas àquelas das melhores ágatas; em ambos, eles se estendem na direção pela qual a massa tem fluido, e aquelas expostas na superfície são geralmente verticais; no gelo, as lâminas porosas tornam-se marcadas pelo subsequente congelamento ou infiltração de água, nas lavas feldspáticas duras tornam-se pela subsequente ação cristalina ou concrecionária. O fragmento de obsidiana vítrea da coleção do sr. Stokes, que é zonada com diminutas células de ar, deve certamente lembrar, a julgar pelas descrições do professor Forbes, um fragmento de gelo zonado, e se a taxa de resfriamento e a natureza da massa tiverem sido favoráveis a sua cristalização ou ação concrecionária deveríamos ter tido uma das melhores zonas paralelas de diferentes composições e textura.

Em geleiras, as linhas de gelo poroso e de pequenas fendas parecem ser provocadas por um estiramento incipiente, causado pelas porções centrais do fluxo gelado, que se move mais rápido do que as laterais e o fundo, que são retardados pelo atrito: assim, em certas formas de glaciares e em direção à extremidade inferior da maior parte das geleiras, as zonas tornam-se horizontais. Será que nós podemos nos aventurar a supor que nas lavas feldspáticas com laminas horizontais vemos um caso análogo? Todos os geólogos que examinaram regiões traquíticas têm chegado à conclusão de que as lavas dessas séries possuíram um fluidez extremamente imperfeita e como é evidente que somente a matéria assim caracterizada estaria sujeita a tornar-se fissurada e ser formada por zonas com diferentes tensões, na forma aqui suposta, nós provavelmente vemos a razão pela qual as lavas augíticas, que geralmente parecem ter possuído um alto grau de fluidez, não são[68] como as lavas feldspáticas, divididas

---

[67] Eu presumo que esta é uma explicação próxima a qual o sr. Scrope possui em sua mente, quando ele fala (*Geolog. Transact. vol. II. second series*, p. 228) da estrutura em fita das rochas traquíticas, tendo surgido a partir de "uma extensão linear da massa, enquanto em um estado de liquidez imperfeita, juntamente com um processo concrecionário".

[68] Lavas basálticas, e muitas outras rochas, são frequentemente divididas em

em lâminas de diferentes composições e texturas. Além disso, na série augítica, nunca se parece ter qualquer tendência a uma ação concrecionária, pela qual vimos desempenhar uma parte importante na laminação das rochas da série traquítica, ou pelo menos na formação da estrutura aparente.

O que quer que seja pensado, da explicação aqui evoluída da estrutura laminada das rochas da série traquítica, eu me atrevo a chamar a atenção dos geólogos pelo simples fato que em um corpo de rocha em Ascensão, sem dúvida de origem vulcânica, foram produzidas camadas frequentemente de espessuras muito pequenas, bastante retas, e paralelas entre si, algumas compostas de distintos cristais de quartzo e diopsídio, misturados com manchas amorfas de augita e feldspato granular, outras inteiramente compostas por essas manchas augíticas negras, com grânulos de óxido de ferro, e por último outras formadas por feldspato cristalino, em estado mais ou menos perfeito de pureza, junto com inúmeros cristais de feldspato, disposto longitudinalmente. Nessa ilha existe razão para acreditar, e em alguns casos análogos onde é certamente conhecido, que as lâminas foram originalmente formadas com a sua alta inclinação atual. Fatos dessa natureza são notoriamente importantes com relação à origem estrutural da grande série de rochas plutônicas, que da mesma forma como as rochas vulcânicas foram submetidas à ação do calor, que consistem em camadas alternadas de quartzo, feldspato, mica e outros minerais.

---

lâminas espessas ou placas, de mesma composição, que são tanto retas ou curvas; estas, sendo cruzadas por uma fissura de linha vertical, algumas vezes tornam-se unidas em colunas. Essa estrutura parece estar relacionada, em sua origem, àquelas pelas quais muitas rochas, tanto ígneas quanto sedimentares, tornam-se atravessadas por sistemas paralelos de fissuras.

CAPÍTULO IV

Santa Helena

Lavas das séries submarinas, basálticas, feldspáticas – Seção da Flagstaff Hill e de Barn – Diques – Turk's Caap e Prosperous Bays – Anel basáltico – Cadeia de montanhas central com formato de cratera, com uma borda interna e um parapeito – Cones de fonolito – Camadas superficiais de arenito calcário – Conchas terrestres extintas – Camadas de detritos – Elevação da terra – Denudação – Crateras de elevação.

A ilha toda é de origem vulcânica; sua circunferência, de acordo com Beatson[69], é de aproximadamente 28 milhas. A porção central e mais larga consiste de rochas de natureza feldspática, geralmente decomposta em grau extraordinário; quando nesse estado, apresentam uma assembleia singular de camadas argilosas macias alternadas, com cor vermelha, roxa, marrom, amarela e branca. Pela brevidade de nossa visita, eu não pude examinar essas camadas com cuidado, algumas das quais, especialmente aquelas de tons branco, amarelos e marrons, originalmente existiram como derrames de lava, mas o maior número foi provavelmente ejetado na forma de escória e cinzas; outras camadas de tonalidade roxa, porfirítica com manchas em formato de cristal de uma substância branca, macia, a qual está agora untuosa, e de aparência igual a cera, com um traço polido quando riscado pela unha, parecem ter existido uma vez como um sólido argilito porfirítico; as camadas vermelhas argiláceas geralmente têm uma estrutura brechada e sem dúvida foram formadas pela decomposição de escória. Diversos derrames extensivos, no entanto, pertencente a esta série, mantém sua característica rochosa.

---

[69] Governador Beatson de S. Helena.

Esses podem ser tanto de uma coloração verde-escura, com diminutos cristais aciculares de feldspato, ou com uma tonalidade muito pálida, e quase totalmente compostos por diminutos cristais de feldspato, frequentemente escamoso, com abundantes manchas negras microscópicas; eles são geralmente compactos e laminados; outras vezes, no entanto, de composição similar, são celulares e de certa forma decomposto. Nenhuma dessas rochas contém grandes cristais de feldspato ou possui fratura áspera peculiar aos traquitos. Essas lavas feldspáticas e tufos são aqueles erupcionados por último ou os mais superiores; inúmeros diques, de qualquer forma, e volumosas massas de rocha fundida foram subsequentemente injetados dentro deles. Eles convergem, à medida que se sobe, em direção à cadeia de montanhas curvada central, dos quais um ponto alcança a altitude de 2.700 pés. Esse pico é o ponto mais alto de terra da ilha e uma vez formada a borda norte de uma grande cratera, de onde as lavas dessa série fluíram, considerando a sua condição danificada, com a metade do sul tendo sida removida, e a partir do violento deslocamento que toda a ilha sofreu, a estrutura representada é muito obscura.

Séries basálticas. A margem da ilha é formada por um círculo grosseiro de grandes muralhas de basalto, negro, estratificado, mergulhando em direção ao mar e desgastado em falésias, que são muitas vezes quase perpendiculares, e variam em altura desde algumas centenas de pés até dois mil pés. Esse círculo, ou melhor, com formato de ferradura de cavalo, está aberto para o sul e está rompido por diversos outros espaços amplos. Sua borda ou cume geralmente projetam-se pouco acima da região adjacente e as lavas feldspáticas mais recentes descem dos altos centrais geralmente se apoiando ou sobrepondo suas margens interiores; no lado norte da ilha, no entanto, eles parecem (a julgar pela distância) ter fluído e ocultado porções destas margens. Em algumas partes, onde o anel basáltico foi rompido e as muralhas negras estão individualizadas, as lavas feldspáticas passaram por entre elas e agora sobrepõem-se à costa marinha em penhascos elevados. As rochas basálticas são de cor preta e finamente estratificadas, geralmente são altamente vesiculadas, mas ocasionalmente compactas; algumas delas contêm numerosos cristais de feldspato vítreos e octaedros de ferro titaníferos. Outros estão repletos de cristais de augita e grãos de olivina. Essas vesículas estão frequentemente alinhadas com diminutos cristais (de cabazita?) e ainda assim tornam-se amigdaloidais com eles. Os derrames estão separados entre si por um material cheio de cinzas, ou por um tufo vermelho brilhante, friável, salífero, o qual é marcado por sucessivas linhas, como as de deposição aquosa, e algumas vezes eles têm uma obscura estrutura concrecionária. As rochas dessa série basáltica ocorrem em nenhum lugar exceto próximos a costa. Na maioria dos distritos vulcânicos as lavas traquíticas possuem origem anterior à basáltica; mas aqui nós vemos que uma grande pilha de rocha, intimamente relacionadas em composição com a família traquítica, foi erupcionada subsequentemente ao estrato basáltico: o número, no entanto, de diques contendo grandes cristais de augita, com o qual as lavas feldspáticas foram injetadas, mostra, talvez, alguma tendência a um retorno à ordem usual de superposição.

Lavas submarinas basal. As lavas dessa série basal encontram-se imediatamente debaixo das rochas basálticas e feldspáticas. De acordo com o sr. Seale[70], elas podem ser vistas ao redor de toda a ilha em trechos sobre a praia-mar. Nas seções que eu examinei, sua natureza variou muito; alguns dos estratos repletos de cristais de augita, outros são de coloração marrom, ou laminados ou em uma condição rugosa, e muitas partes são altamente amigdaloidais com material calcário. As camadas sucessivas ou são intimamente unidas ou separadas entre si por camadas de rochas escoriácea e tufos laminados, frequentemente contendo fragmentos bem arredondados. Os interstícios destas camadas são preenchidos com gypsum e sal; o gypsum também algumas vezes ocorre em camadas finas. Eu não posso duvidar que esses estratos vulcânicos basais fluíram abaixo do mar. Essa observação deveria talvez ser estendida para uma parte das

---

[70] "Geognosy of the Island of St. Helena." Sr. Seale construiu um modelo gigante de St. Helena, vale a pena visitar, que agora está exposto no Addiscombe College, em Surrey.

rochas basálticas sobrepostas, mas sobre este ponto eu não fui capaz de obter uma clara evidência. Os estratos da série basal, onde quer que eu os examine, foram intersectados por um extraordinário número de diques.

Flagstaff Hill e Barn. Eu irei agora descrever uma das mais espetaculares seções e irei iniciar com estas duas colinas, que formam a principal feição externa no lado nordeste da ilha. O contorno angular, quadrado, e de cor negra de Barn, ao mesmo tempo demonstra que pertence à série basáltica, enquanto a figura cônica, suave, e os variados matizes brilhantes de Flagstaff Hill tornam igualmente claro que é composta por rochas feldspáticas, macias. Essas duas colinas elevadas estão conectadas (como está demonstrado na xilogravura) por uma crista afiada, que é composta por lavas rugosas da série basal. Os estratos dessa crista mergulham em direção oeste, a inclinação torna-se cada vez menor em direção a Flagstaff, e os estratos feldspáticos superiores dessa colina podem ser vistos, embora com alguma dificuldade, mergulhar concordantemente a WSW. Próximo a Barn, as cristas são quase verticais, mas são muito obscurecidos pelos inúmeros diques; sob essa colina, eles provavelmente deixam de ser verticais e passam a ser inclinados em uma direção oposta; o estrato superior ou basáltico, que possui 800 ou 1.000 pés de espessura, está inclinado em direção nordeste, em um ângulo entre 30 e 40 graus.

No. 8. As linhas duplas representam os estratos basálticos; a linha única, o estrato submarino; a pontilhada, o estrato feldspático superior; os diques estão sombreados transversalmente.

Essas cristas, assim como as colinas Barn e Flagstaff, são interlaçadas por diques, muitos dos quais preservam um extraordinário paralelismo nas direções NNW e SSE. Os diques claramente consistem de uma rocha porfirítica com cristais grandes de augita; outros são formados por grãos finos e de cor marrom. A maioria desses diques é revestida por uma camada brilhante[71], com um ou dois décimos de polegada de espessura, que, ao contrário de uma *pitchstone* verdadeira, fundem-se em um esmalte negro; essa camada é evidentemente análoga ao revestimento superficial brilhante de muitos derrames de lava. Os diques podem frequentemente ser seguidos por grandes distâncias tanto horizontal quanto verticalmente e parecem preservar uma espessura quase uniforme[72]: o sr. Seale defende que, perto de Barn, em uma altitude de 1.260 pés, decrescem em largura em apenas quatro polegadas, a partir de nove pés na parte inferior, a oito pés e oito polegadas, no topo. Na crista, os diques parecem ter sido guiados em seu curso, em um grau considerável, pela alternância de camadas macias e duras: eles estão frequentemente firmemente unidos aos estratos mais duros e preservam seu paralelismo por grandes extensões que em muitos casos era impossível conjecturar, quais camadas eram diques, e quais eram derrames de lava. Os diques, apesar de tão numerosos nessa crista, são ainda mais numerosos nos vales um pouco ao sul e em um grau nunca igualado em nenhum outro lugar; nesses vales eles se estendem em linhas menos regulares, cobrindo o chão com uma rede, igual a uma teia de aranha, e com algumas partes da superfície que parecem até mesmo consistir totalmente de diques, entrelaçados por outros diques.

---

[71] Esta circunstância foi observada (Lyell, *Principles of Geology*, vol. IV. chap. X. p. 9) nos diques de Atrio del Cavallo, mas aparentemente a ocorrência não é muito comum. Sr. G. Mackenzie, no entanto, defende (p. 372, *Travels in Iceland*) que todos os veios na Islândia têm um "recobrimento negro vítreo nos seus lados". Capitão Carmichael, fala que os diques de Tristão da Cunha, uma ilha vulcânica no sul do Atlântico, (*Linnœan Transactions*, vol. XII. p. 485) em seus lados, "onde eles estão em contato com as rochas, estão invariavelmente em um estado semivítreo".

[72] *Geognosy of the Island of St. Helena*, plate 5.

A partir da complexidade produzida pelos diques, com alta inclinação e mergulho anticlinal dos estratos da série basal que são sobrepostos por duas grandes massas de idades diferentes e de diferentes composições nas extremidades opostas da crista curta, eu não estou surpreso que essa seção singular tenha sido mal interpretada. Foi suposta fazer parte de uma cratera, mas de longe esse dever ter sido o caso, pois o cume da colina Flagstaff foi formado na extremidade inferior de uma camada de cinzas e lavas, as quais foram erupcionadas a partir da crista em forma de cratera central. A julgar pelo mergulho dos derrames contemporâneos em uma parte adjacente e imperturbável da ilha, os estratos da colina Flagstaff devem ter sidos revolvidos em pelo menos 1.200 pés e, provavelmente, muito mais, a julgar pelos grandes diques truncados em sua crista que demonstram que esta foi largamente desnudada. A crista dessa colina agora quase se iguala em altura com a crista em forma de cratera, e antes de ter sido desnudada foi provavelmente mais alta do que essa crista, da qual está separada por um intervalo amplo e muito mais baixo dos arredores; estamos aqui, portanto, vendo um conjunto inferior de derrames de lava que foram inclinados para cima em uma altura tão alta como está, ou talvez mais alta do que a cratera, pelos flancos do qual originalmente fluíram. Acredito que esses deslocamentos, em tão grande escala, são extremamente raros[73] em distritos vulcânicos. A formação de tais números de diques nesta parte da ilha mostra que a superfície precisaria ter sido esticada até um grau muito extraordinário; esse estiramento, entre a crista das colinas Flagstaff e Barn, provavelmente ocorreu posteriormente (ou talvez logo em seguida) à inclinação dos estratos; se os estratos tivessem sido estirados horizontalmente, eles teriam sido provavelmente fissurados e injetados transversalmente ao invés de sê-lo nos planos de estratificação. Embora o espaço entre as colinas Barn e Flagstaff apresente uma linha anticlinal distinta que se estende de norte a sul, e embora a maioria dos diques variem com muita regularidade na mesma linha, no entanto, a apenas uma milha a sul da crista os estratos encontram-se sem perturbação. Então, a força

---

[73] M. Constant Prevost (*Mem. de la Soc. Geéolog.* tom. II.) observa, que "*les produits volcaniques n'ont que localement et rarement même derange le sol, a travers lequel ils se sont fait jour.*"

perturbadora parece ter atuado sob um ponto, ao invés de ao longo de uma linha. A maneira como ela atuou é provavelmente explicada pela estrutura da Little Stony-top, uma montanha com 2.000 pés de altitude, situada a poucas milhas ao sul de Barn. Nós aqui vemos, mesmo de certa distância, uma cunha de rocha colunar compacta, de cor escura, com os estratos feldspáticos de cor brilhante, mergulhando para cada lado a partir de seu pico descoberto. Essa cunha, da qual deriva seu nome Stony-top, consiste de um corpo de rocha, o qual foi injetado enquanto liquefeito nos estratos que o cobrem, e se nós podemos supor que um corpo de rocha similar encontra-se injetado, abaixo da crista conectando o Barn e Flagstaff, a estrutura lá exibida poderia ser explicada.

Turks' Cap e Prosperous Bays. Prosperous Hill é uma grande montanha íngreme, preta, situada duas milhas e meia a sul de Barn, e composta, como ela, por estratos basálticos. Repousa, em parte, sobre as camadas porfiríticas, de cor marrom, da série basal, e em outra parte sobre uma massa fissurada de rochas amigdaloidais e altamente escoriáceas, as quais parecem ter formado um pequeno ponto de erupção debaixo do mar, contemporaneamente com a série basal. Prosperous Hill, assim como Barn, é cruzado por muitos diques, dos quais um grande número possui direção norte e sul, e esses estratos mergulham em um ângulo de aproximadamente 20°, em vez de obliquamente a partir da ilha em direção ao mar. O espaço entre Prosperous Hill e Barn, como representado na xilogravura, consiste de imponentes falésias, compostas pelas lavas da série superior ou feldspática, que repousam, embora em discordância, sobre o estrato basal submarino, como visto da mesma forma em Flagstaff Hill. Diferentemente, no entanto, daquela colina, esses estratos superiores são quase horizontais, com um leve aclive em direção ao interior da ilha, e são compostos de lavas compactas de cor verde-escura, ou mais comumente castanho-pálida, em vez de macios e altamente coloridos. Essas lavas compactas, de cor castanha, consistem quase inteiramente de pequenos pontos cintilantes ou de diminutos cristais aciculares de feldspato, colocados próximos uns dos outros, e por abundantes pontos diminutos pretos, aparentemente de hornblenda. Os estratos basálticos de Prosperous

Hill se projetam apenas um pouco acima do nível de derrames feldspáticos suavemente inclinados, que o enroscam e confinam com suas bordas viradas para cima. A inclinação dos estratos basálticos parece ser muito grande para ter sido causada pelo fluxo durante a descida do derrame e devem ter sido inclinados em sua posição atual antes da erupção dos derrames feldspáticos.

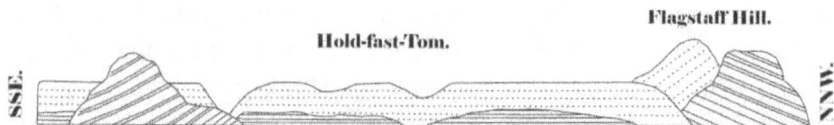

No. 9. As linhas duplas representam o estrato basáltico; a linha simples, o estrato basal submarino; a pontilhada, o estrato feldspático superior.

Anel basáltico. Continuando ao redor da ilha, as lavas da série superior, em direção ao sul de Prosperous Hill, projetam-se em direção ao mar em precipícios elevados. Mais adiante, o cabo, chamado Great Stony-top, é composto, como acredito, por basalto; assim como é Long Range Point, na qual as camadas coloridas estão confinadas em seu lado interior. No lado sul da ilha, nós vemos os estratos basálticos de South Barn, mergulhado obliquamente em direção ao mar em um considerável ângulo; esse cabo também ergue-se um pouco acima do nível das lavas feldspáticas mais modernas. Mais adiante, um grande espaço da costa tem sido muito desnudado em cada lado de Sandy Bay e lá parece terem sido deixados somente os destroços basais da grande cratera central. Os estratos basálticos reaparecem, com o seu mergulho em direção ao mar, no sopé da colina chamada Man-and-Horse e então eles continuam ao longo de toda a costa norte-ocidental da Sugar-Loaf Hill, situado perto da Flagstaff; todos eles possuem a mesma inclinação em direção ao mar e encontram-se, ao menos em algumas partes, sobre as lavas da série basal. Vemos, portanto, que a circunferência da ilha é formada por um anel muito quebrado, ou melhor, com formato de ferradura e composta por basalto, aberta para o sul e interrompida no lado leste por muitas brechas amplas. A amplitude dessa franja marginal no lado noroeste, onde tudo está perfeito, parece variar entre uma milha a uma milha e meia. Os estratos basálticos, como também aqueles da série basal subjacente, mergulham com uma moderada inclinação em direção ao mar, onde eles não foram subsequentemente perturbados. A porção mais quebrada do anel basáltico está ao redor da metade oriental; comparada com a metade ocidental da ilha, é evidentemente devido ao maior poder de denudação das ondas no lado oriental ou barlavento, como é demonstrado pela maior altura dos penhascos desse lado, do que a sotavento. Se a margem do basalto foi quebrada, antes ou depois da erupção de lavas da série superior, é questionável; mas, como as porções separadas do anel basáltico parecem ter sido inclinadas antes desse evento, e a partir de outras razões, é mais provável que algumas das brechas foram formadas primeiro. Reconstruindo na imaginação, tanto quanto possível, o anel de basalto, o espaço interno ou buraco, o qual tem sido preenchido com o material erupcionado a partir da grande cratera central, parece ter tido uma forma oval, com oito ou nove milhas de comprimento por aproximadamente quatro milhas em largura, e com o eixo direcionado em uma linha NE e SW, coincidente com o maior eixo atual da ilha.

A crista curva central. Esta crista consiste, como antes observado, de lavas feldspáticas cinza e tufos argilosos, vermelhos, brechados, como as camadas da série colorida superior. As lavas cinza contêm inúmeros pontos diminutos, pretos, facilmente fusíveis; e muitos cristais de feldspato pouco grandes. Eles são em geral muito macios; com a exceção dessa característica, e por estar em muitas partes altamente celulares, são muito semelhantes àqueles grandes derrames amplos de lava que se sobrepõem à costa em Prosperous Bay. Intervalos consideráveis de tempo parecem ter passado, a julgar pelas marcas de denudação, entre a formação de sucessivas camadas das quais a crista é composta. Na encosta íngreme norte, observei em diversas seções uma superfície ondulante muito desgastada de tufo vermelho, coberto por lavas feldspáticas, decompostas, de cor cinza, com apenas uma fina camada terrosa interposta entre elas. Em uma porção adjacente, notei um dique encaixado, com quatro pés de largura, cortado e coberto por lava feldspática, conforme representado na xilogravura. A crista termina no lado leste em um gancho que não é representado claramente o suficiente em qualquer mapa que eu tenha visto; em direção à terminação oeste, ele gradualmente mergulha e se divide em diversas cristas subordinadas. A melhor porção definida entre Diana's Peak e Nest Lodge, que suportam os mais altos pináculos da ilha variando de 2.000 a 2.700 pés, está a pouco menos de três milhas de comprimento em linha reta. Por todo esse espaço a crista possui uma estrutura e aparência uniforme; sua curvatura assemelha-se à linha de costa de uma grande baía, sendo composta por muitas curvas pequenas, todas abertas para o sul. O lado norte e exterior é suportado por cristas estreitas ou contrafortes, as quais mergulham em direção ao campo adjacente. O interior é muito mais íngreme e é quase abrupto; ele é formado por afloramentos de estratos, que mergulham suavemente para fora. Ao longo de algumas partes do lado interno, um pouco abaixo do pico, uma borda plana se estende, que imita o contorno de curvas menores da crista. Saliências desse tipo não ocorrem tão infrequentemente dentro de crateras vulcânicas e sua formação parece ter sido devido ao afundamento de uma camada de lava endurecida, as extremidades dos quais permanecem aderindo às bordas[74] (como o gelo ao redor de uma piscina, a partir do qual a água foi drenada).

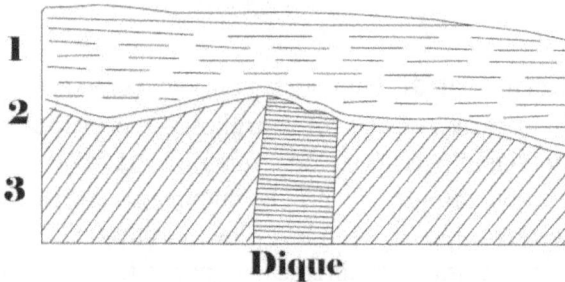

No. 10. Dique

1 – Lava feldspática cinza.

2 – Uma camada, com uma polegada de espessura, de material vermelho terroso.

3 – Tufo argiloso, vermelho, brechado.

---

[74] A mais espetacular desse tipo de estrutura é descrita em *Ellis' Polynesian Researches* (segunda edição), onde um admirável desenho é dado das sucessivas bordas ou terraços, nas fronteiras da imensa cratera no Havaí, nas Ilhas Sandwich.

Em algumas partes, a crista é superada por uma parede ou parapeito perpendicular em ambos os lados. Perto do Diana's Peak essa parede é extremamente estreita. No Arquipélago de Galápagos observei parapeitos que têm uma estrutura e aparência bastante semelhante, superando várias crateras; uma, que eu particularmente examinei, era composta por uma escória vítrea, de cor vermelha, firmemente cimentada, sendo externamente perpendicular e se estendendo ao redor de quase toda a circunferência da cratera, que se tornava quase inacessível. Os picos de Tenerife e Cotopaxi, de acordo com Humboldt, são similarmente construídos; ele defende[75] que "em seus picos uma parede circular rodeia a cratera; essa parede, a uma certa distância, tem a aparência de um pequeno cilindro colocado em um cone truncado. Em Cotopaxi[76] essa estrutura peculiar é visível a olhos nus a mais de 2.000 *toises* (3.898 km) de distância; e ninguém alcançou sua cratera. No pico de Tenerife, o parapeito é tão alto, que seria impossível alcançar a caldeira, se no lado leste não existisse uma abertura. A origem desses parapeitos circulares é provavelmente devido ao aquecimento ou a vapores oriundos da cratera, que penetrariam e endureceriam os lados até uma profundidade quase igual e depois o intemperismo atuaria lentamente na montanha, o que a deixaria a parte endurecida, projetando-se na forma de um cilindro ou parapeito circular.

A partir dos pontos da estrutura na crista central, agora enumerados – isto é, a partir da convergência em direção às camadas da série superior –, a julgar que as lavas tornam-se altamente celulares – que possuem uma borda plana, estendendo-se ao longo de sua porção interior e seu lado íngreme, assim como dentro de algumas crateras ainda ativas – e que as paredes dos picos possuem formato de parapeito e, por último, a partir das curvaturas peculiares, diferentes de qualquer linha comum de elevação, eu não poderia duvidar que essa crista curvada forma um remanescente tardio de uma grande cratera.

---

[75] *Personal Narrative*, vol. I. p. 171.

[76] *Humboldt's Picturesque Atlas*, folio, pl. 10

No esforço, contudo, de traçar seu antigo contorno, algo logo é confundido; sua extremidade oeste gradualmente mergulha e ramifica-se em outras cristas e estende-se para a costa marinha; a extremidade leste é mais curva, porém, um pouco mais bem definida. Alguns aspectos levam-me a supor que a parede sul da cratera juntou-se à crista atual próxima a Nest Lodge; nesse caso a cratera deve ter tido quase três quilômetros de comprimento e cerca de uma milha e meia de largura. A denudação da crista e a decomposição das suas rochas constituintes procedeu alguns passos além e essa crista foi, assim como diversas outras partes da ilha, dividida por grandes diques e massas de material injetado; nós devemos em vão ter nos esforçado para descobrir a sua verdadeira natureza. Mesmo agora vemos que em Flagstaff Hill a porção extremamente inferior e a mais distante de uma camada de material eruptivo foram definitivamente soerguidas a uma altura tão grande quanto a subsidência da cratera e provavelmente até a uma altura maior. É interessante, portanto, traçar os passos pelos quais a estrutura de um distrito vulcânico torna-se obscuro e finalmente obliterado; tão próximo desse último estágio está S. Helena, que eu acredito que ninguém desconfia que a crista central ou eixo da ilha são os últimos destroços da cratera onde os mais modernos derrames vulcânicos aconteceram.

O grande espaço vazio ou vale em direção ao sul da crista curva central, através da qual metade da cratera dever ter-se estendido alguma vez, é formado por morros sem vegetação, desgastados pela água, com cristas vermelho-amareladas e rochas marrons, misturadas em uma confusão caótica, entrelaçada por diques e sem nenhuma estratificação regular. A parte principal consiste de uma escória vermelha decomposta, associada com diversos tipos de tufos e camadas argilosas amarelas, repletas de cristais quebrados, sendo os de augita particularmente grandes. Por todos os lados, massas de lavas amigdaloidais e altamente celulares. A partir de uma das cristas, no meio do vale, uma colina íngreme cônica, chamada Lot, audaciosamente se ergue e forma o mais singular e bem visível objeto. Este é composto por fonolito, dividido em uma parte por uma lâmina grande e curva e por outra parte em bolas concrecionárias angulares, e em uma terceira parte, por colunas que irradiam para fora. Na base dos estratos de lava, tufos e escória mergulham em direção a todos os lados[77]: a porção descoberta está a 197 pés de altura[78] e sua seção horizontal fornece uma figura oval. O fonolito possui cor cinza-esverdeada e está repleto de diminutos cristais aciculares de feldspato; na maioria das partes possui fratura conchoidal e é sonora quando golpeada, crenulado com diminutas cavidades de ar. Na direção SW a partir de Lot existem outros pináculos colunares espetaculares, mas com formato menos regular, chamados Lot's Wife e Asses' Ears, compostos por variedades de rochas afins. A partir de seu formato achatado e sua posição relativa entre si, eles estão evidentemente conectados na mesma linha de fissura. É ainda mais notável que essa mesma linha NE e SW, conectando Lot e Lot's Wife, se prolongada poderia intersectar Flagstaff Hill, que, como antes referida, é atravessada por inúmeros diques nessa direção e possui uma estrutura perturbada, fazendo com que seja provável que um grande corpo de uma rocha, uma vez fluida, tenha se injetado abaixo dela.

Nesse mesmo grande vale existem diversas outras massas cônicas de rocha injetada (uma, que observei, era composta por *greenstone* compacta), algumas das quais não estavam conectadas, de tão longe quanto apareciam, com nenhuma linha de dique, enquanto outras estavam obviamente conectadas. Desses diques, três ou quatro grandes linhas estendem-se por todo o vale em direção NE e SW, paralelos àquela que conecta o Asses' Ears, Lot's Wife e provavelmente Lot. O número dessas massas injetadas de rocha é uma feição espetacular na geologia de S. Helena. Além daquelas mencionadas, e da hipotética abaixo de Flagstaff Hill, existem o Little Stony-top e outras, como eu tenho motivos para acreditar, nas

---

[77] Abich, na sua visão do Vesúvio (plate VI.), demonstrou a maneira nas quais as camadas, sob circunstâncias similarmente próximas, são inclinadas para cima. As camadas superiores são mais inclinadas do que as camadas inferiores e ele explica que isso ocorre demonstrando que a lava se injeta horizontalmente entre as camadas inferiores.

[78] A altura é dada pelo sr. Seale, em seu *Geognosy of the island*. A altura do pico sobre o nível do mar é estimada em 1.444 pés.

colinas Man-and-Horse e High Hill. A maioria das massas, se não todas elas, foram injetadas subsequentemente às ultimas erupções vulcânicas a partir da cratera central. A formação de saliências cônicas de rochas em linhas de fissuras, as paredes dos quais são na maioria dos casos paralelos, podem provavelmente ser atribuídas às desigualdades nas tensões, ocasionando fissuras transversais pequenas, e nesses pontos de intersecção os limites dos estratos poderiam naturalmente ser produzidos e ser facilmente virados para cima. Finalmente, posso ressaltar que as colinas de fonolito em todos os lugares estão aptas[79] a assumir qualquer formato singular ou mesmo grotesco, como aquele de Lot: o pico de Fernando de Noronha oferece também um exemplo. Em Santiago, no entanto, os cones de fonolito, embora afiados, têm um formato regular. Supondo, como parece provável, que todos esses morros ou obeliscos originalmente foram injetados, enquanto liquefeitos, dentro de um molde formado pelos estratos encaixantes, que certamente foi o caso com Lot, como nós podemos explicar a frequente singularidade e contornos abruptos comparados similarmente com as massas injetadas de *greenstone* e basalto? Poderia ela ser devido a um grau menos perfeito de fluidez, que geralmente é suposto ser a característica das lavas traquíticas afins?

Depósitos superficiais. Arenitos calcários macios ocorrem em camadas superficiais extensas, embora finas, nas margens norte e sul da ilha. Consistem de diminutas partículas arredondas de conchas, de mesmo tamanho, e outros materiais orgânicos, os quais mantêm parcialmente suas cores amarelas, marrons e rosa, e ocasionalmente, embora muito raro, apresentam um traço obscuro de suas formas originais externas. Eu me esforcei em vão para encontrar um único fragmento de concha íntegro. As cores das partículas são as características mais óbvias pela qual sua origem pode ser reconhecida, as tonalidades são afetadas (e o odor produzido) pelo aquecimento moderado, da mesma maneira como nas conchas frescas. As partículas são cimentadas juntas e misturadas com algum

---

[79] D'Aubuisson, em seu Traité de Geognosie (tom. II. p. 540), particularmente ressalta que esse seja o caso.

material terroso; as massas mais puras, de acordo com Beatson, contêm 70 % de carbonato de cal. As camadas variam em espessura de dois ou três pés por 15 pés, recobrem a superfície do chão; elas geralmente permanecem no lado do vale protegido do vento e ocorrem na altura de diversas centenas de pés acima do nível do mar. Sua posição é a mesma que uma areia poderia ocupar se fosse atualmente derivada do vento de comércio (*trade-wind*); sem dúvida elas foram assim originadas, o que explicaria o tamanho igual e pequena dimensão de suas partículas, e da mesma forma explicaria a completa ausência de conchas inteiras ou mesmo de tamanhos moderados. É extraordinário que nos dias atuais não existam conchas de praia em qualquer parte da costa, de onde a poeira calcária poderia ser levada pela corrente e selecionada; devemos, portanto, olhar de volta para o período de formação, quando, antes que a terra fosse desgastada formando os precipícios atuais, uma costa mergulhando gradualmente como aquela de Ascensão foi favorável à acumulação de detritos de concha. Algumas das camadas desse calcário estão entre 600 e 700 pés acima do mar, mas parte dessa altitude deve ser possível devido à elevação da ilha, subsequente à acumulação de areia calcária.

A percolação de água de chuva consolidou parte dessas camadas em uma rocha sólida e formou massas de cor marrom-escuro, calcário estalagmítico. Na pedreira Sugar Loaf, fragmentos de rocha nas encostas adjacentes[80] foram densamente revestidas por sucessivas camadas de matéria calcária. É singular que muitos desses seixos tenham suas superfícies inteiras revestidas, sem qualquer ponto de contato ter sido deixado descoberto; sendo assim, esses seixos devem ter sido levantados pela deposição lenta entre eles, por sucessivos filmes de carbonato de cal. Massas de uma rocha oolítica fina, branca, estão fixadas na parte externa de alguns destes seixos

---

[80] Nos detritos terrosos em diversas partes da colina ocorrem massas irregulares de sulfato de cal, muito impuro, cristalino. Como essa substância está sendo agora abundantemente depositada pelas ondas de ressaca em Ascensão é possível que essas massas possam assim ter sido originadas; mas, se assim for, é necessário que tenha sido em um período quando a ilha estivesse em um nível muito mais baixo. Essa selenita terrosa é agora encontrada em uma altura entre 600 e 700 pés.

revestidos. Von Buch descreveu um calcário compacto em Lanzarote que parece assemelhar-se perfeitamente à deposição estalagmítica mencionada que reveste seixos e em partes é finamente oolítica; ela forma uma camada muito prolongada, com uma polegada a dois ou três pés de espessura, e ocorre na altura de 800 pés acima do nível do mar, mas somente no lado da ilha exposta aos violentos ventos noroeste. Von Buch observa[81] que não é encontrado em cavidades, mas somente em superfícies inclinadas e ininterruptas da montanha. Ele acredita que foi depositado pelo spray, que é sustentando pelos violentos ventos por toda a ilha. Parece-me, no entanto, muito mais provável que tenha sido formado, como em S. Helena, pela percolação de água através de conchas finamente trituradas, pois quando a areia é soprada em uma costa muito exposta, esta geralmente tende a se acumular amplamente, mesmo em superfícies que oferecem uma resistência uniforme aos ventos. Na ilha vizinha Feurteventura[82] existe um calcário terroso, que de acordo com Von Buch é muito similar aos espécimes que ele viu de S. Helena e que acredita terem sido formados pela deriva de detritos de conchas.

As camadas superiores de calcário, na pedreira acima mencionada em Sugar Loaf Hill, são macias, com grãos finos e menos puras do que as camadas inferiores. Elas contêm abundantes fragmentos de conchas terrestres e algumas delas são perfeitas; contêm também ossos de pássaros e grandes ovos[83], aparentemente de galinha-d'água. É provável que essas camadas superiores permaneceram muito tempo em uma forma inconsolidada e durante esse tempo tais produções terrestres eram incorporadas. O sr. G. R. Sowerby tem examinado cuidadosamente três espécies de conchas terrestres, que eu retirei dessa camada, e as descrições dele são dadas no apêndice. Uma delas é *Succinea*, idêntica às espécies atuais que são

---

[81] *Description des Isles Canaries*, p. 293.

[82] Idem, p. 314 e 374.

[83] O coronel Wilkes, em um catáogo apresentado com alguns espécimes da Sociedade Geológica, defende que mais de dez ovos foram encontrados por uma pessoa. O dr. Buckland observou (*Geolog. Trans.* Vol. V. p. 474) esses ovos.

abundantes na ilha: as duas outras, chamada, *Cochlogena* fóssil e *Helix biplicata*, não são conhecidas no estado atual: a última espécie foi encontrada em uma outra localidade diferente, associada com a espécie *Cochlogena*, que sem dúvida está extinta.

Camadas de conchas terrestres extintas. Conchas terrestres, todas as quais parecem ser de espécies extintas, ocorrem incorporadas na terra, em diversas partes da ilha. O maior número foi encontrado em considerável altura na Flagstaff Hill. No lado NW dessa colina um canal de chuva expõe uma seção de aproximadamente 20 pés de espessura, do qual a parte superior consiste de um molde vegetal preto, evidentemente lavado a partir de cima, e a parte inferior de terra menos preta, com abundantes conchas jovens e antigas, e com seus fragmentos; parte dessa terra está levemente consolidada por material calcário, aparentemente devido à decomposição parcial de algumas conchas. Sr. Seale, um habitante inteligente, foi quem primeiro chamou a atenção para essas conchas e deu-me uma grande coleção de outra localidade, onde as conchas parecem ter sido incoporadas em uma terra muito preta. O sr. G. R. Sowerby examinou as conchas e as descreveu no apêndice. Existem sete espécies, sendo uma da espécie *Cochlogena*, duas do gênero *Cochlicopa* e quatro de *Helix*; nenhuma delas é conhecida em um estado atual ou foram descritas em qualquer outro país. As espécies menores foram coletadas dentro de conchas grandes de *Cochlogena auris-vulpina*. Esta última espécie mencionada é, em muitos aspectos, muito singular; foi classificada, mesmo por Lamarck, em um gênero marinho, e tem sido, portanto, confundida com uma concha marinha, e as espécies menores que a acompanham têm sido negligenciadas, os locais exatos onde foram encontradas foram medidos e a elevação da ilha foi assim deduzida. É muito extraordinário que todas essas conchas dessas espécies encontradas por mim, em um único ponto, formam uma variedade distinta, como descritas pelo sr. Sowerby, em comparação àquelas retiradas de outra localidade pelo sr. Seale. Como a *Cochlogena* é uma concha grande e notável, eu particularmente perguntei a diversos compatriotas inteligentes se alguma vez eles a tinham visto viva; todos eles me garantiram que nunca tinham visto e não acreditavam que fosse de um animal terrestre; o sr. Seale, além disso, que foi um colecionador de conchas durante sua vida em S. Helena, nunca encontrou essa espécie viva. Possivelmente algumas das espécies menores podem vir a ser os tipos ainda vivos, mas, por outro lado, as duas conchas terrestres, que agora estão vivendo na ilha em grande número, não ocorrem encaixados, tanto quanto ainda se sabe, com as espécies extintas. Eu mostrei em meu *Journal*[84] que a extinção dessas conchas terrestres possivelmente pode não pertencer a um evento antigo, mas estar relacionada com uma grande mudança que ocorreu no estado da ilha aproximadamente 120 anos atrás, quando as velhas árvores morreram e não foram substituídas por mais jovens, que foram destruídas por cabras e porcos que ocorreram em números selvagens desde o ano de 1502. O sr. Seale defende que em Flagstaff Hill, onde vemos que as conchas terrestres encaixadas são especialmente numerosas, indícios detectáveis estão em todas as partes, que claramente indicam que ela foi densamente revestida por árvores; neste presente momento nem mesmo um pequeno arbusto cresce por lá. A espessa camada de terra vegetal preta que cobre a camada de conchas, nos flancos dessa colina, foi provavelmente arrastada a partir da parte superior, logo que as árvores morreram, e o abrigo proporcionado por elas foi perdido.

Soerguimento de terra. Ao observar as lavas da série basal, que são de origem submarina e estão soerguidas acima do nível do mar, e em alguns lugares a uma altura de muitas centenas de pés, procurei por sinais superficiais de elevação da terra. Os fundos de alguns desfiladeiros, que descem em direção ao litoral estão preenchidos até a profundidade de cerca de 100 pés por camadas de areia, argila lamosa e massas fragmentadas, grosseiramente divididas; nessas camadas o sr. Seale encontrou ossos de pássaros do trópico e de albatroz; o primeiro agora é raro, e o último nunca foi visto visitando a ilha. A partir da diferença entre essas camadas, e do mergulho das pilhas de detritos que a sobrepõem, eu suspeito que elas foram depositadas quando os desfiladeiros estavam abaixo do mar. Sr. Seale, além disso, tem mostrado que alguns dos desfiladeiros

---

[84] Journal of Researches, p. 582.

em forma de fenda[85] com um contorno côncavo tornam-se gradualmente mais largos na parte inferior do que no topo; essa estrutura peculiar foi provavelmente causada pela ação do mar ao entrar nas porções inferiores desses desfiladeiros. Em grandes altitudes a evidência de soerguimento de terra é menos clara; de qualquer forma, em uma depressão em forma de baía sobre o planalto atrás da Prosperous Bay, na altitude de aproximadamente 1.000 pés, existe uma massa de rocha com topo achatado que dificilmente poderia ter sido isolada dos estratos similares e adjacentes por qualquer outro agente que não fosse a denudação pela ação de praia. Muita denudação, de fato, foi efetuada em grandes altitudes, o que não seria fácil de explicar por qualquer outro meio; portanto, o pico plano de Barn, que possui 2.000 pés de altitude, representa, de acordo com o sr. Seale, uma perfeita rede de diques truncados; em colinas como a Flagstaff, formada por rocha macia, nós poderíamos supor que esses diques foram desgastados e retirados pelo agente meteórico, mas dificilmente podemos supor que isso seria possível com os estratos basálticos, duros, de Barn.

Denudação da costa. As enormes falésias, que em muitas partes alcançam 1.000 e 2.000 pés de altitude, com as quais a ilha em forma de prisão está rodeada, com exceção de somente alguns lugares onde vales estreitos descem em direção ao litoral, são a característica mais marcante em sua paisagem. Nós vemos que as porções do anel basáltico, com duas ou três milhas de comprimento por uma ou duas milhas de largura, e com um a dois mil pés de altura, foram totalmente removidos. Existem, também, bordas e bancos de pedras, soerguidos de águas profundas e distantes da costa atual entre três e quatro milhas, que de acordo com o sr. Seale podem ser traçados da costa, e são considerados ser a continuação de grandes diques bem conhecidos. O intumescimento do Oceano Atlântico foi obviamente a potência ativa na formação dessas

---

[85] Uma falésia com formato de fissura, próximo a Stony-top, é dita pelo sr. Seale ter 840 pés de profundidade e somente 115 pés de largura.

falésias; é interessante observar que a menor, embora ainda grande, altura das falésias no sotavento e lateral parcialmente protegida ilha (que se estendem do Sugar Loaf para South West Point) correspondem ao menor grau de exposição. Ao refletir sobre as comparativamente baixas costas de muitas ilhas vulcânicas, que também permaneceram expostas ao oceano aberto e aparentemente são de considerável antiguidade, a mente se recolhe a uma tentativa de compreender o número de séculos de exposição, necessários para transformar terra em lama e dispersar a enorme massa cúbica de rocha dura, que foi retirada da circunferência da ilha.

O contraste entre o estado superficial de S. Helena, comparado com a ilha mais próxima, chamada Ascensão, é muito marcante. Em Ascensão, a superfície dos derrames de lava é brilhante, como se tivessem sidos derramados há pouco, seus contornos são bem definidos e podem ser frequentemente relacionadas a crateras perfeitas, de onde foram erupcionados; no curso de longas caminhadas, não observei nenhum dique, e a costa ao redor de toda a circunferência é baixa e tem sido erodida (embora não deve ser colocada muita atenção sobre este fato, porque a ilha pode estar afundando) em uma pequena parede com apenas dez a 30 pés de altura, ainda que durante os 340 anos, desde que Ascensão foi descoberta, nem mesmo o sinal mais fraco de ação vulcânica tenha sido registrado[86]. Por outro lado, em S. Helena, o curso de qualquer derrame de lava não pode ser traçado, seja pelo estado de seus contornos ou por sua superfície; a mera subsidência de uma grande cratera é admitida; não apenas os vales, mas a superfície de algumas das mais altas colinas são entrelaçadas por diques desgastados e, em muitos lugares, os picos desnudados de grandes cones de rocha

---

[86] Na *Nautical Magazine* de 1835, p. 642, e de 1833, p. 361, e na *Comptes Rendus*, abril de 1838, tópicos são dados sobre fenômenos vulcânicos – terremotos, água perigosa, escória flutuante e colunas de fumaça – que têm sido observados em intervalos desde o meio do último século, no espaço de oceano aberto entre as longitudes 20° e 22° oeste, aproximadamente meio grau a sul do Equador. Esses fatos parecem mostrar que uma ilha ou arquipélago está em processo de formação no meio do Atlântico: uma linha juntando S. Helena e Ascensão, prolongada, intersecta esses focos nascentes de ação vulcânica.

injetada permanecem expostos e nus; por último, como temos visto, todo o círculo da ilha tem sido profundamente desgastado em precipícios grandiosos.

Cratera de elevação. Existe muita semelhança na estrutura e história geológica entre S. Helena, Santiago e Maurício. Todas as três ilhas são delimitadas (pelo menos nas partes que pude examinar) por um anel de montanhas basálticas, atualmente muito quebradas, mas que evidentemente foram uma vez continuas. Essas montanhas têm, ou aparentemente uma vez tiveram, suas escarpas mergulhando em direção ao interior das ilhas e seus estratos mergulhando para fora. Eu fui capaz de verificar, somente em poucos casos, a inclinação das camadas; não foi tão fácil, porque a estratificação geralmente é obscura, exceto quanto vista de certa distância. Eu sinto, no entanto, pouca dúvida de que sua inclinação é maior do que a relatada, de acordo com as pesquisas de M. Elie de Beaumont, a inclinação ele poderia ter adquirido considerando sua espessura e compactação ao fluir abaixo em uma superfície inclinada. Em S. Helena e em Santiago, os estratos basálticos repousam sobre camadas mais antigas e provavelmente submarinas, com diferentes composições. Em todas as três ilhas, derrames de lavas mais recentes fluíram a partir do centro da ilha, em direção e entre as montanhas basálticas, e em S. Helena a plataforma central tem sido preenchida por estes derrames. Todas as três ilhas foram soerguidas em massa. Em Maurício, o mar, dentro de um período geológico tardio, deve ter atingido o pé das montanhas basálticas, como atualmente ocorre em S. Helena, e em Santiago está cortando a planície intermediária em direção a eles. Nessas três ilhas, mas especialmente em Santiago e em Maurício, quando se observa a partir do pico de uma das montanhas basálticas antigas, é uma procura em vão olhar em direção ao centro da ilha – o ponto em direção aos quais os estratos sob os pés e as montanhas de cada lado rudemente se convergem – pela fonte de onde esses estratos poderiam ter sido erupcionados, mas vê-se apenas uma plataforma oca estirada abaixo, ou pilhas de matéria de origem mais recente.

Essas montanhas basálticas pertencem, eu presumo, à classe de crateras de elevação: é indiferente se os anéis foram completamente formados, pelas porções que existem atualmente, com uma estrutura tão uniforme, ou, comparativamente, se eles não formam fragmentos de uma cratera verdadeira e dessa forma não poderiam ser classificados com linhas comuns de elevação. Em relação à sua origem, após ter lido os trabalhos do sr. Lyell[87] e de MM. C. Prevost e Virlet, eu não posso acreditar que as grandes depressões centrais têm sido formadas por uma simples elevação em forma de domo e consequentemente arqueamento das camadas. Por outro lado, tenho grande dificuldade em admitir que essas montanhas basálticas são apenas fragmentos basais de grandes vulcões, dos quais os picos ou foram desgastados ou, mais provavelmente, afundados por subsidência. Esses anéis são em alguns casos tão imensos, como em Santiago e Maurício, e sua ocorrência tão frequente que eu duramente me convenço a adotar essa explicação. Além disso, eu suspeito que as seguintes circunstâncias, desde sua frequente coincidência, estão de alguma forma ligadas entre si – uma conexão não implica qualquer um dos pontos de vista anteriores; a saber, em primeiro lugar, o estado fragmentado do anel demonstra que atualmente porções destacadas foram expostas a uma grande denudação e em alguns casos, talvez, esse anel não foi totalmente inteiro; em segundo lugar, a grande quantidade de matéria erupcionada a partir da área central, após ou durante a formação do anel; terceiro lugar, a elevação de toda a área em massa. Na medida que se relaciona à inclinação desses estratos, que é maior do que as encontradas naturalmente por fragmentos basais em vulcões comuns, eu posso rapidamente acreditar que essa inclinação pode ter sido lentamente adquirida pela quantidade de elevação, da qual, de acordo com M. Elie de Beumont, as inúmeras fissuras preenchidas ou diques são a evidência e a medida – uma visão igualmente importante, da qual devemos as pesquisas dos geólogos no Monte Etna.

Uma conjectura, incluindo as circunstâncias acima, ocorreram-me quando, com minha mente completamente convencida do fenômeno de 1835 na América do Sul[88], as forças que ejetam material

---

[87] *Principles of Geology* (quinta ed.), vol. II. p. 171.

[88] Eu dei um relato detalhado desses fenômenos em um artigo lido anteriormente na *Geological Society,* em março de 1838. No instante de tempo quando uma imensa área foi convulsionada e uma grande extensão foi

a partir de orifícios vulcânicos e que aumentam continentes em massa são idênticas. Observei, em parte da costa de Santiago, estratos de calcário mergulhando em direção ao mar e que foram horizontalmente soerguidos, diretamente abaixo de um cone de lava subsequentemente erupcionado. A conjectura é que, durante a elevação lenta de um distrito vulcânico ou ilha, no centro dos quais um ou mais orifícios continuam abertos e, portanto, aliviam as forças subterrâneas, as bordas são elevadas mais do que a região central e aquelas porções assim soerguidas não mergulham suavemente em direção à área central, menos elevada, como fazem os estratos de calcário sob o cone em Santiago e como fazem em uma grande parte da área da Islândia[89], mas eles estão separados entre si por falhas

elevada, os distritos imediatamente ao redor das grandes aberturas na cordilheira permaneceram em repouso e as forças subterrâneas forma aparentemente aliviadas pelas erupções, que então recomeçaram com grande violência. Um evento de um tipo parecido, mas em uma escala infinitamente menor, parece ter ocorrido, de acordo com Abich (*Views of Vesuvius, plates* i. e ix.) dentro da grande cratera do Vesúvio, onde uma plataforma ao lado uma fissura foi soerguida em massa em 20 pés, enquanto, por outro lado, um comboio de pequenos vulcões irrompeu em erupção.

[89] Parece, a partir de comunicações feitas a mim de maneira prestativa por M. E. Robert, que as partes periféricas da Islândia, as quais são compostas por estratos basálticos antigos alternados com tufo, mergulharam para o interior, formando assim um gigantesco pires. M. Robert descobriu que esse era o caso, com algumas poucas e locais exceções, em um espaço de costa com várias centenas de milhas de comprimento. Acredito que essa afirmação é corroborada, tanto ao que se refere a um lugar, por Mackenzie, em suas viagens (p.377), e por outro lugar por algumas notas emprestadas gentilmente pelo dr. Holland. A costa está profundamente recortada por enseadas, na altura das quais a terra é geralmente baixa. M. Robert me informou que os estratos que mergulham para o interior parecem se estender até essa linha e que sua inclinação geralmente corresponde com o mergulho da superfície, a partir das altas montanhas da costa até a terra baixa na altura desses riachos. Na seção descrita pelo sr. G. Mackenzie, o mergulho é de 12°. As partes interiores da ilha claramente consistem, por tudo quanto é conhecida, de material erupcionado recentemente. O grande tamanho, no entanto, da Islândia iguala-se à parte mais volumosa da Inglaterra, e isso

curvas. Poderíamos esperar a partir do que vemos ao longo de falhas comuns que os estratos do lado soerguido, que já mergulham para fora devido a sua formação original como derrames de lava, poderiam ser inclinados a partir da linha de falha e assim ter sua inclinação aumentada. De acordo com essa hipótese, pela qual estou tentado a estendê-la somente para alguns casos, não é provável que o anel poderia ser formado tão perfeito, e a partir da lenta elevação as porções soerguidas poderiam ser expostas a muita denudação, portanto, o anel se tornaria fragmentado; nós poderíamos esperar encontrar desigualdades ocasionais no mergulho das massas soerguidas, como é o caso em Santiago. Por essa hipótese, a elevação de distritos em massa e os derrames de lava a partir de plataformas centrais também estariam conectados. Nesse ponto de vista, as montanhas da margem basáltica das três ilhas anteriores poderiam ser consideradas como "crateras de elevação"; o tipo de elevação implica necessariamente ser lenta, e a cavidade central ou plataforma ter sido formadas não pelo arqueamento da superfície, mas simplesmente por aquela parte ter sido soerguida a uma altura menor.

---

deveria talvez excluí-la da classe de ilhas que estivemos considerando, mas eu não posso deixar de suspeitar que se as montanhas da costa, em vez de levemente inclinadas em direção à área central menos elevada, tivessem sido separadas por falhas irregularmente curvas, os estratos poderiam ter sido inclinados em direção ao mar e uma "cratera de elevação", como aquele de Santiago ou de Maurício, mas de dimensões muito mais amplas, teria sido formada. Eu irei fazer somente outra observação, que a ocorrência frequente de lagos extensos no sopé de grandes vulcões e a frequente associação de estratos vulcânicos e de água doce parecem indicar que as áreas em torno de vulcões são aptas a ser deprimidas abaixo do nível do campo adjacente, seja por ter sido menos elevado ou a partir dos efeitos de subsidência.

CAPÍTULO V

Arquipélago de Galápagos

Ilhas Chatham. Crateras compostas por um tipo de tufo peculiar – Pequenas crateras basálticas, com buracos em suas bases – Ilha Albermarle, lavas fluidas, sua composição – Crateras de tufos, inclinação dos estratos divergentes para o exterior e estrutura dos estratos que convergem para o interior – Ilhas James, segmento de uma pequena cratera basáltica; fluidez e composição de seus derrames de lavas e de seus fragmentos ejetados – Considerações finais sobre as crateras de tufos, e na condição fragmentada de seus lados sul – Composição mineralógica das rochas do arquipélago – Elevação da terra – Direção das fissuras de erupção.

Este arquipélago está situado sob a linha do Equador, a uma distância entre 500 e 600 milhas a partir da costa oeste da América do Sul. É composto por cinco ilhas principais e por diversas outras, que quando juntadas possuem uma área equivalente[90], mas não em extensão de terra, semelhante à Sicília em conjunto com as ilhas Jônicas. Todas elas são vulcânicas: em duas, crateras foram observadas em erupção, e nas diversas outras ilhas derrames de lava têm uma aparência recente. As maiores ilhas são essencialmente compostas por rochas sólidas e afloram com um contorno suave, alcançando uma altura entre um e quatro mil pés de altitude. Elas são algumas vezes, mas não em geral, coroadas por um edifício principal. As crateras variam em tamanho de um mero espiráculo a enormes caldeirões, com diversas milhas de circunferência; elas são extraordinariamente numerosas e eu poderia pensar que, se

---

[90] Eu excluí dessa medida as pequenas ilhas de Culpepper e Wenman, que se encontram a 70 milhas ao norte do grupo. Crateras são visíveis sobre todas as ilhas do grupo, exceto na Ilha Towers, que é uma das mais inferiores; esta ilha é, no entanto, formada por rochas vulcânicas.

enumeradas, elas poderiam exceder duas mil; são formados tanto por escória e lava ou por um tufo de cor marrom, e essas últimas crateras são extraordinárias em vários aspectos. Todo o conjunto foi examinado pelos oficiais do Beagle. Eu visitei quatro das principais ilhas e recebi espécimes de todas as outras ilhas. Sob as diferentes ilhas, irei descrever somente o que me parece merecedor de atenção.

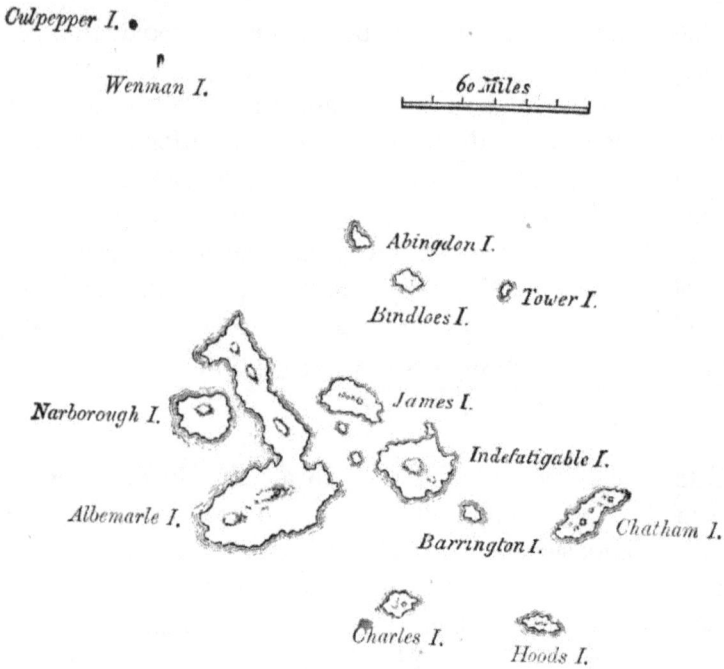

No. 11. Arquipélago de Galapagos.

Ilhas Chatam

Crateras compostas por um tipo particular de tufo. Em direção à extremidade leste desta ilha existem duas crateras compostas por dois tipos de tufo; um deles é friável, similar às cinzas levemente consolidadas, e o outro compacto, de uma natureza diferente de qualquer outra que eu tenha encontrado descrito. Esta última substância, onde está mais bem caracterizada, é de uma cor marrom-amarelada, translúcida, e com um brilho que assemelha-se a resina; é frágil, com uma fratura muito irregular, angular e áspera; algumas vezes, no entanto, é ligeiramente granular, e mesmo obscuramente cristalina pode ser facilmente riscada com uma faca, embora alguns pontos sejam duros o suficiente para riscar um vidro comum; funde-se facilmente em um vidro verde-escuro. A massa contém numerosos cristais quebrados de olivina e augita e pequenas partículas de escória negra e marrom: esta é frequentemente atravessada por pequenos veios de material calcário, que geralmente afeta uma estrutura nodular ou concrecionária. Em um espécime de mão, essa substância certamente seria confundida com uma variedade pálida e peculiar de *pitchstone*; mas, quando vista em conjunto, sua estratificação e as numerosas camadas de fragmentos basálticos, tanto angulares quanto arredondados, tornam evidente sua origem subaquosa. Uma análise de uma série de espécimes demonstra que essa substância com aparência de resina resulta de uma mudança química sobre pequenas partículas de uma rocha escoriácea pálida e de cor escura e essa mudança poderia ser claramente identificável em diferentes estágios, ao redor das bordas de uma mesma partícula. A posição perto da costa, de todas as crateras composta desse tipo de tufo ou *peperino*, e sua condição brechada, torna provável que todas elas foram formadas quando estavam imersas no mar; considerando essa circunstância, junto com a espetacular ausência de grandes camadas de cinzas em todo o arquipélago, pensei que é altamente provável que a maior parte dos tufos teriam sido originados a partir da trituração de fragmentos de lavas basálticas e cinzas nas bocas das crateras quando imersas no mar. Poderia ser perguntado se a água aquecida dentro dessas crateras teria produzido essa mudança singular nas pequenas partículas escoriáceas e dado a elas sua fratura similar a resina, translúcida? Ou teria a cal associada feito parte dessa mudança? Eu fiz essas perguntas por ter encontrado em Santiago, nas ilhas do Cabo Verde, onde uma grande quantidade de derrames de lava fluiu sobre um fundo de calcários, dentro do mar, o filme externo, que em outras partes assemelha-se a uma *pitchstone*, e é modificado aparentemente por esse contato com o carbonato de cal, em uma substância similar a resina, precisamente como o melhor espécime caracterizado de tufo deste arquipélago[91].

Ao retornar a essas duas crateras, uma das quais encontra-se a uma distância de uma légua a partir da costa, o espaço entre elas consiste de um tufo calcário, aparentemente de origem submarina. Essa cratera consiste de um círculo de colinas, algumas das quais encontram-se bem destacadas, mas todas tendo um mergulho regular quâquâ versal, com uma inclinação entre 30 e 40 graus. As camadas inferiores, com espessura de algumas centenas de pés, consistem de uma rocha com aparência de resina, com fragmentos encaixados de lava. As camadas superiores, as quais possuem entre 30 e 40 pés de espessura, são compostas por um tufo de cor marrom, friável, de grão fino, duro e fracamente estratificado, ou *peperino*[92]. Uma massa central sem qualquer estratificação, a qual deveria anteriormente ter ocupado o buraco da cratera, mas que agora está ligada somente a umas poucas colinas circunferenciais, consiste de um tufo com característica intermediária entre aquele com aparência de resina e aquele com uma fratura terrosa. Essa massa contém material calcário branco em pequenas manchas. A segunda cratera (520 pés de altitude) deveria ter existido como uma pequena ilhota separada até a erupção de um grande derrame recente de lava; uma fina seção, desgastada pelo mar, mostra uma massa de basalto com formato de funil, rodeada por flancos de tufos, íngremes, inclinados, tendo em parte uma fratura terrosa e em outras uma fratura semirresinosa. O tufo é atravessado por diversos diques verticais, com lados suaves e paralelos, que eu não poderia duvidar que fossem formados por

---

[91] As concreções contendo cal, que eu descrevi em Ascensão, formadas em uma camada de cinzas, apresentam algum grau de semelhança com essa substância, mas elas não possuem uma fratura resinosa. Em S. Helena, também, eu encontrei veios de algo similar, compacto, mas não de uma substância resinosa, ocorrendo em uma camada de cinzas pumíceas, aparentemente livres de material calcário: em nenhum desses casos teria o calor atuado.

[92] Aqueles geólogos que restringem o termo tufo para cinzas de cor branca, resultantes do desgaste de lavas feldspáticas, poderiam chamar estes estratos de cor marrom de *peperino*.

basalto, até que eu efetivamente quebrasse em fragmentos. Esses diques, no entanto, consistem de tufos como aqueles dos estratos ao redor, porém muito mais compactos e com uma fratura mais suave; então, devemos concluir que fissuras foram formadas e preenchidas com a mais fina lama ou tufo a partir da cratera antes que seus interiores estivessem ocupados, como agora estão, por uma piscina solidificada de basalto. Outras fissuras foram subsequentemente formadas, paralelas a esses diques singulares, e estão meramente preenchidas com os detritos soltos. A mudança de partículas escoriáceas comuns para substâncias com fratura semirresinosa pode ser claramente acompanhada em porções de tufos compactos destes diques.

À distância de poucas milhas a partir dessas duas crateras, encontra-se a Kicker Rock, ou ilhota, extraordinária por sua forma única. Ela não possui estratificação e é composta por tufo compacto, em parte tendo fratura com aparência de resina. É provável que aquela massa amorfa, como a similar ao primeiro caso descrito, tenha uma vez preenchido o buraco central da cratera e aquele com flancos, ou paredes inclinadas, que foram muito desgastados pelo mar, ao qual permanecem expostos.

No.12. Kicker Rock, 400 pés de altura.

113

Pequenas crateras basálticas. Uma extensão, ondulante e sem vegetação, no extremo leste da Ilha Chatham é notável pelo número, proximidade e forma de pequenas crateras basálticas com as quais é pontilhada. Elas consistem, tanto por uma simples pilha cônica ou, menos comumente, por um círculo, de cor preta e vermelha, de escória vítrea parcialmente cimentada. Elas variam em diâmetro a partir de 30 a 150 jardas e alcançam entre 50 a 100 pés acima do nível da planície circundante. A partir de uma pequena eminência contei 60 dessas crateras, todas as quais estavam a um terço de milha uma da outra e muitas estavam ainda mais próximas. Eu medi a distância entre duas pequenas crateras e descobri que estavam a somente 30 jardas a partir do pico arqueado de um para o pico do outro. Pequenos derrames de lava basáltica, negra, contendo olivina e muito feldspato vítreo, fluíram de várias, mas não de todas, essas crateras. As superfícies dos derrames mais recentes estavam excessivamente irregulares e estavam cortadas por grandes fissuras; os derrames mais antigos estavam um pouco menos irregulares e estavam todos amalgamados e misturados entre si em completa desordem. O crescimento desigual, no entanto, das árvores sobre os derrames, frequentemente marcava as suas idades distintas. Se não fosse por essa última característica, os derrames só poderiam ser distinguidos em poucos casos e, consequentemente, essa ampla extensão ondulante poderia ter sido erroneamente considerada (como provavelmente em muitos setores foi) como formada por um imenso derrame de lava, em vez de uma multidão de pequenos derrames de lava, erupcionados por diversos pequenos orifícios.

Em diversas porções dessa extensão, e especialmente na base de pequenas crateras, existem poços circulares, com lados perpendiculares, com 20 a 40 pés de profundidade. Ao pé de uma pequena cratera havia três desses poços. Eles provavelmente devem ter sido formados pela queda do teto de pequenas cavernas[93]. Em outras partes, existem pequenos morros mamiformes, que lembram grandes bolhas de lava, com seus picos fissurados por rachaduras

---

[93] M. Elie de Beamount descreveu (*Mem. pour servir*, &c., tom. IV. p. 113) muitos "*petits cirques d'éboulement*" no Etna, alguns dos quais com origem historicamente conhecida.

irregulares, que parecem, ao se entrar neles, ser bastante profundos. A lava não fluiu desses pequenos morros. Existem, também, outros pequenos morros mamiformes, muito regulares, compostos por lava estratificada e rodeados por buracos circulares, íngremes, que eu presumi terem sido formados por um corpo de gás, primeiramente, arqueando o estrato em um montículo com formato de bolha e, em seguida, soprando seu pico. Existem diversos tipos de montículos e poços, como também numerosas pequenas crateras escoriáceas, todas demonstrando que essa extensão tem sido penetrada, quase como uma peneira, pela passagem de vapores aquecidos. Os pequenos morros mais regulares poderiam somente ter sido soerguidos enquanto a lava estava em um estado amolecido[94].

Ilha Albermarle

Esta ilha consiste de cinco grandes crateras, com topo plano, as quais, junto com uma das ilhas adjacentes de Narborough, singularmente se assemelham entre si, em forma e altura. Aquela mais ao sul possui 4.700 pés de altura, duas outras possuem 3.720 pés, uma terceira somente 50 pés de altura e a remanescente aparentemente com a mesma altura. Três delas estão situadas em uma linha e suas crateras parecem estar alongadas à mesma direção. A cratera mais ao norte, que não é a maior, foi medida externamente

---

[94] Sr. G. Mackenzie (*Travels in Iceland*, p. 389 to 392) descreveu uma planície de lava no pé do Hecla, onde todo o lugar foi soerguido em grandes bolhas ou estufado. Sr. George defende que essa lava cavernosa compõe o estrato superior e esse mesmo fato é afirmado por Von Buch (*Descript. des Isles Canaries*, p. 159) com relação ao derrame basáltico próximo ao Rialejo, em Tenerife. Parece particular que os derrames superiores sejam claramente cavernosos, enquanto não há razão pela qual o superior e o inferior não tenham sido igualmente afetados em diferentes tempos; teria o derrame inferior fluído abaixo do nível do mar e portanto sido horizontalizado após a passagem através deles de corpos de gás?

por triangulação e possui não menos que três milhas e um oitavo, em diâmetro. Ao longo dos lábios desses grandes caldeirões, amplos, e a partir de pequenos orifícios próximos aos seus picos, derrames de lava negra fluíram abaixo sobre suas laterais nuas.

Fluidez de diferentes lavas. Próximo a Tagus ou Banks' Cove eu examinei um desses grandes derrames de lava, que é espetacular a partir da evidência do seu alto grau de fluidez inicial, especialmente quando é considerada a sua composição. Próximo à costa marinha esse derrame possui diversas milhas de largura. Consiste de uma lava escura, com base compacta, facilmente fusível em uma conta negra, com células de ar angulosas e não muito numerosas, e densamente cravejado por cristais grandes e fraturados de albita vítrea[95], variando entre um décimo de polegada a meia polegada de diâmetro.

Essa lava, embora à primeira vista possa ser considerada eminentemente porfirítica, não pode apropriadamente ser considerada assim, uma vez que os cristais têm sido evidentemente envelopados, arredondados e penetrados pela lava, similar ao que ocorre com fragmentos de rochas encaixantes em um dique. Isso ficou muito claro em alguns espécimes de lava da Ilha Abingdon, nos quais as únicas diferenças eram que as vesículas eram esféricas e mais numerosas. A albita nessas lavas está em uma condição similar às

---

[95] Na Cordilheira do Chile observei lava muito semelhante a essa variedade do Arquipélago de Galápagos. Ela contém, no entanto, em vez de albita, cristais bem formados de augita, e na base (talvez em consequência da agregação de partículas augíticas) um tom de cor mais claro. Eu notei que, em todos esses casos, chamo os cristais feldspáticos de albita, por meio de seus planos de clivagem (conforme medido a partir de um goniômetro) correspondendo com aqueles desse mineral. Como, no entanto, outras espécies de gênero têm sido ultimamente descobertas com clivagem com planos similares aos da albita, essa determinação precisa ser considerada como provisória. Eu examinei os cristais nas lavas de diferentes localidades do grupo Galápagos e percebi que em nenhum deles, com exceção de alguns cristais de uma parte da Ilha James, a clivagem possui a direção típica do ortoclásio ou feldspato potássico.

leucitas do Vesúvio e das olivinas, descritas por Von Buch[96], salientes em grandes bolas de basalto em Lanzarote. Além de albita, essa lava contém grãos dispersos de um mineral verde, sem clivagem distinta, que se assemelha à olivina[97], mas como funde-se facilmente em vidro verde, provavelmente pertence à família augítica; na Ilha James, no entanto, uma lava similar contém olivina verdadeira. Eu obtive espécimes da superfície atual e da profundidade de quatro pés, mas eles não diferem em nada. O alto grau de fluidez desse derrame de lava foi uma vez evidente, a partir da sua superfície lisa e levemente inclinada, e pela forma com que o derrame principal foi dividido por pequenas desigualdades em pequenos derrames, especialmente a julgar pela forma com que seus limites, muito abaixo de sua fonte onde necessariamente teriam sido resfriados em alguns graus, foram afinados para uma pequena espessura; a margem atual consiste de fragmentos soltos, alguns dos quais eram maiores do que a cabeça de um homem. O contraste entre essa margem e as paredes íngremes, acima de 20 metros de altura, que delimitam muitos dos derrames de Ascensão, é muito notável. Tem sido geralmente suposto que lavas com abundantes cristais grandes, e incluindo vesículas angulares[98], possuiriam pouca fluidez; mas nós vemos que o caso tem sido muito diferente na Ilha Albermarle. O grau de fluidez em diferentes lavas não parece corresponder a qualquer quantidade correspondente da diferença em suas composições: na Ilha Chatham, alguns derrames, contendo muita albita vítrea e alguma olivina, são tão rugosos que eles podem ser comparados ao mar congelado durante uma tempestade, enquanto o grande derrame da Ilha Albemarle é quase tão liso quanto um lago quando assoprado por uma brisa. Na Ilha

---

[96] Description des Isles Canaries, p.295

[97] Humboldt menciona que ele confundiu um mineral verde augítico, que ocorre nas rochas vulcânicas da Cordilheira de Quito, com olivina.

[98] O formato irregular e angular das vesículas é provavelmente causado pela maleabilidade desigual de uma massa composta em uma proporção quase similar de cristais sólidos e uma base viscosa. Isso certamente parece uma circunstância geral, como deveria ser esperada, em uma lava que possui um elevado grau de fluidez, bem como em um grão de mesmo tamanho, em que as vesículas são internamente lisas e esféricas.

James, lava basáltica negra, com abundantes pequenos grãos de olivina, apresenta um grau intermediário de rugosidade; sua superfície é vítrea e os fragmentos destacados assemelham-se em forma muito singular a dobras de cortina, cabos e peças de casca de árvore[99].

Crateras de tufo. Aproximadamente a uma milha em direção a sul de Banks' Cove existe uma cratera elíptica, com aproximadamente 500 pés de profundidade e três quartos de uma milha de diâmetro. Seu fundo é ocupado por um lago de salmoura. Fora dessa região alguns pequenos montes em forma de cratera e tufo se sobressaem. As camadas inferiores são formadas por um tufo compacto, aparentemente um depósito subaquoso, enquanto as camadas superiores, ao redor de toda a circunferência, consistem de um tufo friável, duro, com pouca gravidade específica, mas muitas vezes contendo fragmentos de rochas em camadas. Os tufos superiores contêm inúmeras bolas pisolíticas, aproximadamente do tamanho de pequenas balas de armas de fogo, que diferem do material circundante apenas por ser mais duras e de uma granulação menor. As camadas mergulham muito regularmente em todas as direções, com ângulos variados, como as que encontrei pela medição entre 25 a 30°. A superfície externa da cratera mergulha a uma inclinação muito similar e é formada por nervuras ligeiramente convexas, como aquelas das conchas de pecten ou vieira, as quais tornam-se mais amplas ao se estender desde a boca da cratera em direção a sua base.

---

[99] Um espécime de lava basáltica, com poucos cristais quebrados de albita, o qual me foi dado por um dos oficiais, é talvez digno de descrição. Este consiste de ramificações cilíndricas, algumas das quais possuem somente um vigésimo de polegada de diâmetro, e são projetados em pontos afiados. A massa não foi formada como uma estalactite, com as terminações em direção para cima e para baixo. Glóbulos, com apenas um quadragésimo de uma polegada de diâmetro, foram gotejados a partir de alguns pontos e aderidos aos ramos adjacentes. A lava é vesicular, mas as vesículas nunca alcançam a superfície dos ramos que são lisos e brilhantes. Como geralmente se supõem que as vesículas sejam geralmente alongadas na direção do movimento da massa fluida, pude observar que nesses ramos cilíndricos, que podem variar de um quarto a somente um vigésimo de uma polegada de diâmetro, cada célula de ar é esférica.

Essas nervuras possuem geralmente oito a 20 pés de largura, mas algumas vezes possuem até 40 pés de largura e se assemelham a abóbadas antigas, rebocadas, muito achatadas, com o gesso descamando em placas: são separadas entre si por ravinas, aprofundadas por ação fluvial. Nas extremidades estreitas e superiores, próximo à boca da cratera, essas nervuras consistem frequentemente de passagens ocas verdadeiras, similarmente, porém, em um tamanho menor do que, àquelas formadas pelo resfriamento da crosta de um derrame de lava, enquanto a porção interna flui adiante, estrutura das quais eu observei muitos exemplos na Ilha Chatham. Não pode haver dúvidas que esses buracos de nervuras ou valas têm sido formados em uma maneira similar, conhecida devido à colocação ou endurecimento de uma crosta superficial sobre derrames de lama, os quais fluíram abaixo a partir da parte superior da cratera. Em outra parte dessa mesma cratera, observei calhas côncavas abertas, entre um e dois pés de largura, as quais parecem ter sido formadas pelo endurecimento da superfície inferior de um derrame de lama, em vez de, como no primeiro caso, da superfície superior. A partir desses fatos, eu penso, é certo, que esses tufos devem ter fluído como lama[100]. Essa lama pode ter sido formada tanto dentro da cratera ou a partir de cinzas depositadas nas porções superiores, e depois lavadas por torrentes de chuvas. O método anterior, na maioria dos casos, parece ser o mais provável; na Ilha James, no entanto, algumas camadas de um tipo de tufo friável estendem-se tão continuamente sobre uma superfície irregular que provavelmente foram formados pela queda de chuva de cinzas.

---

[100] Esta conclusão é de algum interesse, porque M. Dufrénoy (Mem. Pour servir, tom. IV. p. 274) defende que os estratos de tufos, aparentemente de composição similar com os aqui descritos, inclinados a ângulos entre 18° e 20°, em Monte Nuevo e em algumas outras crateras do sul da Itália, teriam sido formados por soerguimento. A partir dos fatos dados acima, e do caráter abobadado dos sulcos separados e dos tufos não se estendendo em camadas horizontais ao redor dessas colinas em forma de cratera, ninguém vai supor que os estratos foram produzidos por elevação e, ainda assim, nós vemos que a inclinação é superior a 20°, muitas vezes até 30°. Os estratos consolidados, também, dos *talus* internos, como serão vistos em seguida, mergulham em um ângulo acima de 30°.

Dentro dessa mesma cratera, estratos de tufos grossos, principalmente compostos de fragmentos de lava, encontram-se, como um *talus* consolidado, em frente a paredes internas. Eles alcançam altura entre 100 e 150 pés, acima da superfície de um lago de salmoura interno; mergulham em direção ao centro e são inclinados em ângulos variando entre 30 e 36°. Eles parecem ter sido formados abaixo da água, provavelmente em um período quando o mar ocupava o buraco da cratera. Fiquei surpreso ao observar que as camadas, tendo essa grande inclinação, não se espessam em direção a suas extremidades inferiores, pelo tanto quanto elas podem ser seguidas.

No. 13. Uma seção esquemática do cabo formador do Banks' Cove, mostrando os estratos divergentes em forma de cratera, e o *talus* estratificado convergentemente. O ponto mais alto dessa colina é de 817 pés acima do mar.

Banks' Cove. Este porto ocupa a parte do interior de uma cratera de tufo rompido, maior do que o último descrito. Todo o tufo é compacto e inclui numerosos fragmentos de lava; ele parece ser um depósito subaquoso. A feição mais espetacular nessa cratera é o grande desenvolvimento de estratos, convergindo para o interior, como no último caso, com uma considerável inclinação e muitas vezes depositados em camadas irregulares e curvas. Essas camadas convergindo para o interior, assim como os peculiares estratos em forma de cratera divergentes, estão representados na precedente seção esquemática do cabo, formando o Banks' Cove. Os estratos internos e externos diferem pouco em composição e a formação evidentemente resultou do desgaste e redeposição da matéria que forma os estratos externos em forma de cratera. Levando em consideração o grande desenvolvimento dessas camadas internas, uma pessoa andando ao redor da borda da cratera poderia conceber a si mesmo em um cume anticlinal, circular, de um conglomerado ou arenito estratificado. O mar está desgastando os estratos internos e externos, especialmente o último, de modo que as camadas que convergem em direção ao centro irão talvez em alguma idade futura ser deixadas sozinhas, um caso que poderia à primeira vista deixar um geólogo perplexo[101].

Ilha James

Duas crateras de tufo nesta ilha são os únicos remanescentes que merecem alguma observação. Um deles encontra-se a uma milha e meia de distância a partir de Puerto Grande: é circular, com aproximadamente um terço de milha de diâmetro e 400 pés de profundidade. Difere de todas as outras crateras de tufo que eu examinei por ter a parte inferior de sua cavidade, com altura entre 100 e 150 pés, formada por uma parede de basalto íngreme, dando à cratera uma aparência de ter estourado uma camada de rocha sólida. A parte superior da cratera consiste de estratos de tufo alterado, com uma fratura semirresinosa. Seu fundo é ocupado por um lago raso de salmoura, cobrindo camadas de sal que repousam sobre uma lama escura e profunda. A outra cratera encontra-se a uma distância de poucas milhas e é extraordinária por seu tamanho e condições

---

[101] Eu acredito que esse caso ocorra atualmente nos Açores, onde o dr. Webster (*Description*, p. 185) descreveu uma pequena ilha, formada por uma bacia, composta por estratos de tufo, mergulhando em direção ao centro e externamente limitado por desfiladeiro desgastado pelo mar. Dr. Daubeny supôs (no *Volcanos*, p. 266) que a cavidade precisaria ser formada por uma subsidência circular. Parece-me muito mais provável que nós tenhamos estratos que foram depositados originalmente dentro de um buraco de uma cratera, da qual as paredes exteriores foram removidas pelo mar.

perfeitas. Seu pico está a 1.200 pés acima do nível do mar e seu buraco interior está a 600 pés de profundidade. Sua superfície externa apresenta uma aparência curiosa devido à suavidade das amplas camadas de tufo, que se assemelha a um vasto chão rebocado. Na Ilha Brattle está, eu acredito, a cratera mais larga do arquipélago, composta por tufo; seu diâmetro interior é quase de uma milha náutica. No momento, ela está em uma condição de ruínas, consistindo de um pouco mais do que meio círculo, aberto para o sul; seu grande tamanho é provavelmente devido, em parte, à degradação interna, a partir da ação marinha.

Segmento de uma pequena cratera basáltica. Um lado da baía de água doce, na Ilha James, é delimitado por um promontório, que forma a última subsidência de uma grande cratera. Na praia desse promontório permanece exposto um segmento em forma de um quadrante de um pequeno ponto de erupção subordinado. Ele consiste de nove pequenos fluxos de lava, empilhados uns sobre os outros, e por um pináculo irregular, com cerca de 15 pés de altitude, composto por basalto vesicular, de coloração marrom-avermelhada, com abundantes cristais grandes de albita vítrea e com augita fundida. Esse pináculo, e algumas partes adjacentes de rocha na praia, representam o eixo da cratera.

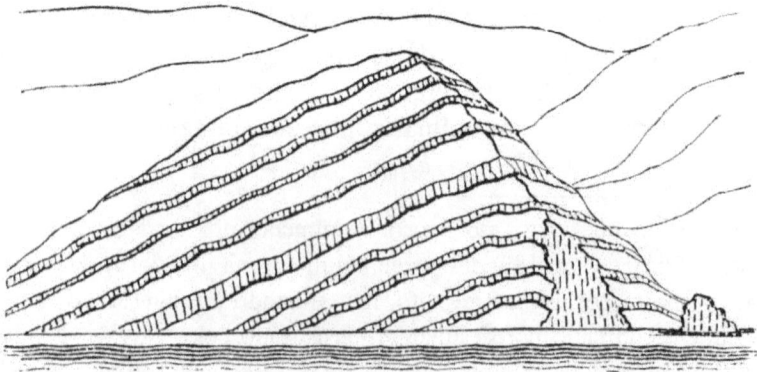

No. 14. Segmento de um orifício muito pequeno de erupção, na praia da baia de água doce.

Os derrames de lava podem ser seguidos sobre uma pequena ravina, em ângulos retos com a costa, por entre dez e 15 jardas, onde eles estão escondidos por detritos: ao longo da praia eles são visíveis por aproximadamente oito jardas e eu não acredito que se estendam muito além. Os três derrames inferiores são unidos ao pináculo e no ponto de junção (como mostrado no desenho esquemático, feito no local) estão ligeiramente arqueados, como se estivessem no ato de fluir sobre a borda da cratera. Os seis fluxos superiores, sem dúvida, estavam originalmente unidos nessa mesma coluna antes que fossem desgastados pelo mar. A lava desses derrames possui composição similar àquela do pináculo, exceto pelos cristais de albita, que parecem ser mais fragmentados, e pelos grãos de augita fundida que estão ausentes. Cada derrame está separado do outro por algumas polegadas, ou no máximo por um ou dois pés de espessura, por fragmentos escoriáceos, soltos, aparentemente derivados da abrasão dos derrames ao passar um sobre o outro. Todos esses fluxos são muito particulares por suas espessuras. Eu cuidadosamente medi diversos deles; um possuía oito polegadas de espessura, mas estava firmemente revestido por uma rocha escoriácea vermelha, com três polegadas acima e três polegadas abaixo (que é o caso de todos os derrames), tendo uma espessura total de 14 polegadas; essa espessura foi preservada uniformemente ao longo de todo o comprimento da seção. Um segundo derrame possuía apenas oito polegadas de espessura, incluindo ambas as superfícies escoriáceas, superior e inferior. Até examinar essa seção, não acreditava que fosse possível que a lava poderia fluir em camadas finas tão uniformes sobre uma superfície extremamente lisa. Esses pequenos derrames se assemelham intimamente em composição com os grandes derrames de lava na Ilha Albemarle, que da mesma forma devem ter possuído um alto grau de fluidez.

Fragmentos ejetados pseudoexógenos. Na lava e na escória dessa pequena cratera encontrei diversos fragmentos, os quais, a partir de sua forma angular, sua estrutura granular, estado inconsolidado das células aéreas, estado quebradiço e sua condição queimada, assemelham-se proximamente àqueles fragmentos de rochas primárias que são ocasionalmente ejetados, como em Ascensão, a partir de vulcões.

Esses fragmentos consistem de albita vítrea, muito maclada e com clivagens muito imperfeitas, misturados com grãos semiarredondados, contendo manchas de um mineral azul-metálico, com superfícies brilhantes. Os cristais de albita são revestidos por um óxido de ferro vermelho, aparecendo com uma substância residual; seus planos de clivagem, também, estão frequentemente separados por camadas de óxidos excessivamente finas, dando aos cristais a aparência de ser pautados, como o vidro de um micrômetro. Não existe quartzo. O mineral azul-metálico, que é abundante no pináculo, mas que desaparece nos derrames derivados a partir deste, tem uma aparência fundida e raramente apresenta sequer um traço de clivagem; eu obtive, no entanto, uma medida, a qual provou tratar-se de augita, e em outro fragmento, que diferiu dos outros, sendo ligeiramente celular e gradualmente misturado à matriz adjacente, os pequenos grãos desse mineral foram toleravelmente bem cristalizados. Embora exista uma ampla diferença em aparência entre a lava de pequenos derrames e especialmente sua crosta vermelha escoriácea e um desses fragmentos ejetados angulares, os quais à primeira vista poderiam facilmente ser confundidos com sienito, mesmo assim eu acredito que a lava originou-se de uma massa de rocha fundida e movimentada, com composição similar aos fragmentos. Além do espécime acima mencionado, no qual nós vemos um fragmento tornando-se ligeiramente celular, misturado na matriz adjacente, alguns dos grãos de augita azul-metálica também possuem suas superfícies tornando-se muito finamente vesiculares e misturando-se com a massa circundante; outros grãos acredita-se terem uma condição intermediária. A massa parece consistir de augita mais perfeitamente fundida ou, mais provavelmente, meramente distribuída no seu estado macio pelo movimento da massa e misturada com o óxido de ferro e com albita vítrea, finamente fragmentado. Então, provavelmente, a augita fundida, que é abundante no pináculo, desaparece nos derrames. A albita está exatamente no mesmo estado, com exceção da maioria dos cristais com tamanho menor, tanto na lava quanto nos fragmentos encaixantes; mas, nos fragmentos, eles parecem ser menos abundantes: este, porém, poderia naturalmente ocorrer a partir da intumescência da base augítica e com seu consequente aumento aparente em volume. É interessante, portanto, traçar passos pelos quais uma rocha compacta, granular, torna-se convertida em uma lava vesicular pseudoporfirítica e finalmente em uma escória vermelha. A estrutura e a composição dos fragmentos encaixantes mostram que eles são parte tanto da massa da rocha primária, a qual sofreu consideráveis modificações pela ação vulcânica, ou mais provavelmente da crosta de um corpo de lava resfriado e cristalizado, o qual posteriormente foi quebrado e reliquefeito, a crosta sendo menos envolvida pelo aquecimento e movimento.

Considerações finais sobre as crateras de tufo. Estas crateras, a partir da peculiaridade da substância que se assemelha a resina e que as compõe amplamente, a partir de sua estrutura, seu tamanho e quantidade, constituem a característica mais marcante na geologia do Arquipélago. A maioria delas formam tanto ilhotas separadas quanto promontórios fixos a ilhas maiores, e aqueles que agora encontram-se a uma pouca distância da costa são desgastados e brechados pela ação do mar. A partir dessa circunstância geral de sua posição, e a partir da pequena quantidade de cinzas ejetadas em qualquer parte do arquipélago, sou levado a concluir que os tufos têm sido principalmente produzidos pela moagem junto com os fragmentos de lava dentro de crateras ativas, comunicadas com o mar. Na origem e composição do tufo, e na frequente presença de um lago central de salmoura e de camadas de sal, essas crateras se assemelham, pensando em uma escala gigante, a salses, ou montes de lama, que são comuns em algumas partes da Itália e em outros países[102]. Nesse arquipélago, no entanto, sua conexão mais próxima, com ação vulcânica comum, está demonstrada pelas piscinas de basalto solidificadas, com as quais estas crateras são frequentemente preenchidas.

---

[102] *D' Aubuisson's Traité de Géognosie*, tom. I. p. 189. Eu posso ressaltar que vi em Terceira, nos Açores, uma cratera de tufo ou *peperino*, muito similar às do Arquipélago de Galápagos. A partir da descrição dada em *Freycinet's Voyage*, similares ocorrem nas Ilhas Sandwich e provavelmente estão presentes em muitos outros lugares.

À primeira vista parece muito especial que todas essas crateras formadas por tufo estejam nos lados sul, tanto completamente quebrado e removido inteiramente, ou muito mais baixo do que os outros lados. Eu observei e recebi amostras 28 dessas crateras; delas, 12 formam ilhotas separadas[103] e agora existem com um mero formato de lua crescente bastante aberto para o sul, ocasionalmente com poucos pontos de rocha marcando seu formato de circunferência; das 16 remanescentes, algumas formam promontórios e outras permanecem a uma pequena distância em terra a partir da costa; porém, todas têm seu lado sul mais baixo ou completamente quebrado. Duas, no entanto, das 16, possuíam seu lado norte também baixo, enquanto os lados leste e oeste estavam perfeitos. Eu não vi, ou ouvi, uma simples exceção da regra, que essas crateras estão rebaixadas ou quebradas no lado que se direciona para o lado SE e SW. Essa regra não se aplica às crateras compostas por lava e escória. A explicação é simples: nesse arquipélago, as ondas dos ventos alísios e as ondas de propagação vindas de distantes partes do oceano aberto coincidem na direção (que não é o caso em muitas partes do Pacífico) e com suas forças unidas atacam o lado sul de todas as ilhas; consequentemente, as vertentes sul, mesmo quando totalmente formadas por rocha basáltica dura, são invariavelmente mais íngremes do que a encosta norte. Como as crateras de tufo são compostas por um material macio, e como provavelmente todas, ou quase todas, tiveram períodos em que permaneceram imersas no mar, não é de se surpreender que elas devem invariavelmente exibir nos seus lados expostos os efeitos dessa grande força de denudação. A julgar pela condição desgastada de muitas dessas crateras, é provável que algumas delas tenham sido inteiramente erodidas. Como não existe razão para supor que as crateras formadas por escória e lava foram erupcionadas enquanto estiveram dentro do mar, nós podemos ver o porquê de essas regras não se aplicarem a

---

[103] Estas consistem de três Ilhotas Crossman, a maior delas possui 600 pés de altitude; Ilha Enchanted (760 pés de altitude); Ilha Champion (331 pés de altitude); Ilha Enderby; Ilha Brattle; duas pequenas ilhas próximas à Ilha Indefatigable; e uma próxima e ilha James. Uma segunda cratera próxima à Ilha James (com um lago de salmoura em seu centro) tem seu lado sul com somente 20 pés de altitude, enquanto as outras partes da circunferência são de aproximadamente 300 pés de altitude.

elas. Em Ascensão, como foi mostrado, as bocas das crateras, as quais são todas de origem terrestre, foram afetadas pelos ventos alísios; essa mesma força poderia aqui, também, auxiliar a fazer os lados expostos e de barlavento de algumas dessas crateras originalmente menores.

Composição mineralógica das rochas. Nas ilhas ao norte, as lavas basálticas parecem geralmente conter mais albita do que na metade sul do arquipélago, mas quase todos os derrames contêm alguma. A albita não é infrequentemente associada com olivina. Eu não observei em qualquer espécime cristais distinguíveis de hornblenda ou augita; excluí os grãos fundidos nos fragmentos ejetados e no pináculo da pequena cratera, descrita anteriormente. Eu não encontrei um único espécime de traquito verdadeiro, embora algumas das lavas pálidas, quando com abundantes cristais grandes de albita vítrea e dura, assemelham-se em algum grau a essas rochas, mas em todos os casos a base funde-se em um esmalte negro. Camadas de cinzas e escórias ejetadas para longe, como previamente defendido, são quase ausentes; não observei nenhum fragmento de obsidiana ou de púmice. Von Buch[104] acredita que a ausência de púmice no Monte Etna é consequência do feldspato ser da variedade de Labrador; se a presença de púmice depende da constituição do feldspato, é extraordinário que este esteja ausente no arquipélago e abundante na cordilheira da América do Sul, em ambas as regiões o feldspato é da variedade albítica. Devido à ausência de cinza, e à característica de não decomposição da lava nesse arquipélago, as ilhas são lentamente revestidas com uma pobre vegetação e o cenário tem um aspecto desolado e assustador.

Elevação da terra. As provas de soerguimento da terra são escassas e imperfeitas. Na Ilha Chatham, observei alguns grandes blocos de lava, cimentados por um material calcário, contendo conchas recentes, mas eles ocorrem na altitude de alguns pés acima

---

[104] *Description des Isles Canaries*, p. 328.

das marcas de água. Um dos oficiais me deu fragmentos de conchas, os quais ele encontrou encaixados a diversas centenas de pés acima do mar, em um tufo de duas crateras, distantes entre si. É possível que esses fragmentos possam ser carregados para a presente altura em uma erupção de lama, mas, de acordo com o caso, eles estão associados com conchas de ostras quebradas, formando quase uma camada; é mais provável que o tufo foi soerguido com as conchas em massa. Os espécimes são tão imperfeitos que podem ser reconhecidos somente como pertencentes a um gênero marinho recente. Na Ilha Charles, observei uma linha de grandes blocos arredondados, empilhados no cume de um desfiladeiro vertical, na altura de 15 pés acima da linha, onde o mar agora atua durante as tempestades mais fortes. Isso parece, à primeira vista, boa evidência em favor da elevação da terra, mas é algo um pouco enganoso, porque eu observei depois em uma parte adjacente dessa mesma costa, e ouvi de pessoas que testemunharam, que em qualquer lugar onde um derrame recente de lava forma um plano liso inclinado, que entra no mar, as ondas durante tempestades têm a força de levar blocos arredondados até uma grande altitude, acima da linha de sua ação comum. Como o pequeno desfiladeiro no caso exposto é formado por um derrame de lava que, antes de ser desgastado, deve ter entrado no mar com uma superfície levemente inclinada, é possível, ou melhor, é provável, que as pedras arredondadas, agora presentes em seu cume, sejam apenas remanescentes daquelas que foram sido roladas acima durante as tempestades até sua altura atual.

Direção das fissuras de erupção. Os orifícios vulcânicos desse grupo não podem ser considerados como caoticamente dispersos. Três grandes crateras na Ilha Albemarle formam uma linha bem marcada, estendendo-se na direção NW para N e SE para S. na Ilha Narborough, e na grande cratera na projeção retangular da ilha Albemarle, formam uma segunda linha paralela. Em direção leste, Ilha Hood's, e nas ilhas e rochas entre esta e a Ilha James, formam outra linha quase paralela, a qual, quando prolongada, inclui as Ilhas Culpepper e Wenman, situando-se 70 milhas para o norte. As outras ilhas situam-se mais adiante em direção leste e formam uma quarta linha menos regular. Diversas dessas ilhas, e os orifícios eruptivos na Ilha Albemarle, estão tão dispostos que parecem cair em um conjunto rústico de linhas paralelas, intersectando as linhas formadoras em altos ângulos; portanto, as crateras principais parecem situar os pontos onde dois conjuntos de fissuras se cruzam entre si. As ilhas propriamente ditas, com a exceção da Ilha Albemarle, não estão alongadas nessa mesma direção com as linhas sobre as quais elas estão. A direção dessas ilhas é próxima daquela, a qual prevalece de maneira extraordinária, nos numerosos arquipélagos no grande Oceano Pacífico. Finalmente, posso observar que no meio das Ilhas Galápagos não existe um orifício eruptivo dominante, mais alto do que todos os outros, como pode ser observado em muitos arquipélagos vulcânicos: o ponto mais alto é o grande monte na extremidade sudoeste da Ilha Albemarle, a qual excede em pouco mais de mil pés diversas outras crateras adjacentes.

CAPÍTULO VI

Traquito e basalto. Distribuição de ilhas vulcânicas

O afundamento de cristais em lava fluida – Densidade específica de partes constituintes de traquito e basalto e sua consequente separação – Obsidiana – Aparente não separação de elementos de rochas plutônicas – Origem de diques encaixados em séries plutônicas – Distribuição de ilhas vulcânicas; sua prevalência em grandes oceanos – Elas estão geralmente dispostas alinhadas – Os vulcões centrais duvidosos de Von Buch – Ilhas vulcânicas ao redor de continentes – Antiguidade de ilhas vulcânicas e sua elevação em massa – Erupções em linhas paralelas de fissuras dentro de um mesmo período geológico.

Sobre a separação de minerais constituintes da lava, de acordo com sua densidade específica. Um lado da baía de água doce, na Ilha James, está formado pelo afundamento de uma grande cratera, mencionada no último capítulo, cujo interior foi preenchido por uma piscina de basalto com aproximadamente 200 pés de espessura. Esse basalto possui coloração cinza e contém muitos cristais de albita vítrea, a qual se torna muito mais numerosa na porção inferior, na parte escoriácea. Esse é o contrário do que poderia ser esperado, considerando que os cristais foram disseminados em números iguais, a maior intumescência dessa parte escoriácea inferior teria feito eles aparecerem em menor número. Von Buch[105] descreveu um derrame de obsidiana no pico de Tenerife em que os cristais de feldspato tornam-se mais e mais numerosos, conforme a profundidade ou a espessura aumenta, portanto, próximo à superfície dos derrames a lava ainda se assemelha a uma rocha

---

[105] *Description des Isles Canaries*, p. 190 and 191.

primária. Von Buch afirma ainda que M. Drée, em seus experimentos com fusão de lava, descobriu que os cristais de feldspato sempre tendem a precipitar-se no fundo do cadinho. Nesses casos, eu presumo que não pode haver dúvida[106] de que os cristais afundem em função do seu peso. A densidade específica do feldspato varia[107] de 2,4 a 2,58, enquanto a obsidiana comumente varia de 2,3 a 2,4; em um estado fluido, sua densidade específica poderia ser ainda menor, o que facilitaria o afundamento de cristais de feldspato. Na Ilha James, os cristais de albita, embora sem dúvida de menor peso do que em basalto cinza, nas partes onde são compactos, poderiam facilmente ter densidade específica maior do que a massa escoriácea formada por lava fundida e bolhas de gás aquecido.

O afundamento de cristais em uma substância viscosa como em rocha fundida, como é inequivocamente demonstrado no caso dos experimentos de M. Drée, vale outras considerações, como lançar luz sobre a separação das séries de lavas basálticas e traquíticas. O sr. Scrope tem especulado sobre o assunto, mas ele não parece ter tido conhecimento de quaisquer fatos positivos, como aqueles dados anteriormente e tem ignorado um elemento muito necessário, o qual me parece ser este fenômeno – denominado coexistência de minerais mais leves e mais pesados, em glóbulos ou em cristais. Em uma

---

[106] Em uma massa de ferro em fusão, verifica-se (*Edinburgh New Philosophical Journal*, vol. XXIV. p. 66) que as substâncias que têm maior afinidade com o oxigênio, assim como o ferro possui, aumentam do interior da massa até a superfície. Porém, um motivo semelhante dificilmente poderia ser aplicado para a separação de cristais nesses derrames de lava. O resfriamento da superfície de lava parece, em alguns casos, ter afetado sua composição, Dufrénoy (*Mem. pour servir*, tom. IV. p. 271) constatou que as partes interiores de um derrame próximo a Nápoles continham dois terços de um mineral que podia ser dissolvido por ácidos, enquanto a superfície consistia predominantemente por um mineral inatacável por ácidos.

[107] Eu peguei a densidade de alguns minerais de Von Kobell, uma das mais recentes e melhores autoridades, e de rochas de vários outros especialistas. A da obsidiana, de acordo com Phillips, é de 2,35; Jameson diz que nunca excede 2,4; mas um espécime de Ascensão, medido por mim mesmo, alcançou 2,42.

substância de fluidez imperfeita, como em rocha fundida, é pouco confiável que os átomos separados, infinitamente pequenos, sejam de feldspato, augita ou de qualquer outro mineral, tenham o poder, a partir de pequenas diferenças de densidade, de superar o atrito causado pelo seu movimento; mas, se os átomos de quaisquer desses minerais tornarem-se, enquanto os outros permanecerem em estado fluido, unidos em cristais ou grânulos, é fácil de perceber que a partir do menor atrito seu afundamento ou força de flutuação seria grandemente aumentada. Por outro lado, se todos os minerais tornam-se granulados ao mesmo tempo é dificilmente possível, a partir da sua resistência mútua, que qualquer separação possa ocorrer. Uma descoberta valiosa, de uso prático, que ilustra o efeito da granulação de um elemento em uma massa fluida, que permite sua separação, ultimamente tem sido utilizada; quando chumbo, contendo uma pequena proporção de prata, é constantemente agitado enquanto se arrefece, a prata torna-se granulada e os grãos ou cristais imperfeitos de chumbo quase puro afundam, deixando um resíduo de metal fundido muito mais rico em prata, enquanto que se a mistura for deixada intacta, embora mantida fluida por um intervalo de tempo, os dois metais não mostram sinais de separação[108]. A agitação por si só parece ser a responsável pela formação de grânulos separados. A gravidade específica da prata é de 10,4 e do chumbo 11,35; o chumbo granulado, que afunda, nunca é absolutamente puro, e o metal fluido residual contém, quando muito enriquecido, somente 1/119 parte de prata. Quando a diferença na gravidade específica, causada pela diferente proporção dos dois metais, é extremamente pequena, a separação é provavelmente auxiliada em certo grau pela diferença de densidade entre o chumbo quando granular, embora ainda quente, e quando fluido.

---

[108] Um relato completo e interessante dessa descoberta pelo sr. Pattinson foi lido perante a *British Association* em setembro de 1838. Em algumas ligas, de acordo com Turner (*Chemistry*, p. 210), o metal mais pesado afunda e parece que isso ocorre enquanto ambos os metais estão fluidos. Onde existe uma diferença considerável de densidade, como entre o ferro e a escória formada durante a fusão do minério, não precisamos ficar surpresos com a separação dos átomos, sem qualquer substância ser granulada.

Em um corpo de rocha vulcânica liquefeita, deixada por algum tempo sem qualquer perturbação violenta, nós podemos esperar, de acordo com os fatos acima, que se um dos minerais constituintes torna-se agregado em cristais ou grânulos, ou tiver sido envelopado nesse estado a partir de alguma massa previamente existente, tais cristais ou grânulos poderiam flutuar ou afundar, de acordo com suas densidades específicas. Agora, temos clara evidência de cristais sendo incorporados em muitas lavas, enquanto a pasta ou base tem continuado fluida. Eu preciso somente referir, como exemplo, que em diversos derrames grandes pseudoporfiríticos nas Ilhas Galápagos e em derrames traquíticos em muitas partes do mundo, nos quais nós encontramos cristais de feldspato dobrados e quebrados pelo movimento da matéria semifluida encaixante, lavas são principalmente compostas por três variedades de feldspato, variando em densidade de 2,4 a 2,74; por hornblenda e augita, variando de 3,0 a 3,4; por olivina, variando de 3,3 a 3,4; e, por último, por óxido de ferro, com densidade especifica de 4,8 a 5,2. Então, cristais de feldspato, envoltos em uma massa liquefeita, mas não em uma lava altamente vesicular, tenderiam a flutuar para as porções superiores, e cristais ou grânulos de outros minerais, assim envoltos, tenderiam a flutuar. Não devemos, no entanto, esperar algum grau de perfeição na separação em tais materiais viscosos. Traquito, que consiste principalmente de feldspato, com alguma hornblenda e óxido de ferro, tem uma densidade especifica de 2,45[109], enquanto basalto composto principalmente por augita e feldspato, frequentemente com muito ferro e olivina, tem uma densidade de aproximadamente 3,0. Por conseguinte, nós encontramos que, onde ambos os derrames basálticos e traquíticos procederam do mesmo orifício, os derrames traquíticos geralmente foram erupcionados primeiro, devido, como devemos supor, a lava fluida dessa série deve ter-se acumulado nas porções superiores do foco vulcânico.

---

[109] Traquito de Java foi encontrado por Von Buch com densidade de 2,47; em Auvergne, por De la Beche, tinha 2,42; em Ascensão, eu encontrei com densidade de 2,42. Jameson e outros autores dão ao basalto uma densidade de 3,0, mas espécimes de Auvergne foram encontrados, por De La Beche, com somente 2,78; e em Giant's Causeway, com densidade de 2,91.

Essa ordem de erupção tem sido observada por Beudant, Scrope e por outros autores; três exemplos, também, foram dados neste volume. À medida que as erupções mais tardias, todavia, na maioria das montanhas vulcânicas, surgiram de suas porções mais basais, devido ao aumento da altura e do peso da coluna interna de rocha fundida, nós vemos por que, na maioria dos casos, somente os flancos inferiores de massas traquíticas centrais são envolvidos por derrames basálticos. A separação dos componentes de uma massa de lava poderia, talvez, algumas vezes ficar dentro do corpo de uma montanha vulcânica, desde que elevado e de grandes dimensões, em vez de dentro do foco subterrâneo; nesse caso, derrames traquíticos poderiam ser derramados, quase contemporaneamente, ou em intervalos curtos e recorrentes, a partir de seu cume, e derrames basálticos a partir de sua base. Isso parece ter ocorrido em Tenerife[110]. Eu preciso apenas ressaltar que, a partir de perturbações violentas, a separação dessas duas séries, mesmo sob condições favoráveis, poderia naturalmente ser frequentemente prevenida e assim como sua ordem comum de erupção ser invertida. A partir do elevado grau de fluidez da maioria das lavas de basalto, estas talvez, por si só, poderiam em muitos casos alcançar a superfície.

Como vimos que os cristais de feldspato, no caso descrito por Von Buch, afundam na obsidiana, de acordo com sua conhecida maior densidade específica, podemos esperar encontrar em cada distrito, onde a obsidiana fluiu como lava, que procederam a partir das porções superiores dos orifícios mais altos. Isso, de acordo com Von Buch, é válido de maneira espetacular tanto nas Ilhas Lipari quanto no pico do Tenerife; neste último lugar, a obsidiana nunca fluiu de uma altura menor do que 9.200 pés. Obsidiana, também, parece ter sido erupcionada nos picos mais altos da Cordilheira Peruana. Vou apenas ainda observar que a densidade especifica do quartzo varia de 2,6 a 2,8; portanto, quando presente em um foco vulcânico, ele tenderia a afundar com as bases basálticas; isso, talvez, explique a presença frequente e a abundância desse mineral nas lavas

---

[110] Consulte a bem conhecida e admirável descrição física dessa ilha de Von Buch, que pode servir como um modelo descritivo de geologia.

das séries traquíticas, como observado em partes anteriores deste volume.

Uma objeção à teoria anterior será, talvez, elaborada a partir do fato de as rochas plutônicas não serem separadas em duas séries evidentemente distintas, com densidades específicas diferentes, embora, assim como as vulcânicas, elas parecem ter sido liquefeitas. Em resposta, deve ser primeiramente ressaltado que não existe evidência de os átomos de qualquer um dos constituintes minerais nas séries plutônicas terem sido agregados, enquanto os outros permaneceram fluidos, o que nós temos nos esforçado para demonstrar ser uma condição quase necessária para a sua separação; pelo contrário, os cristais geralmente têm impressos cada um com suas formas[111].

Em segundo lugar, a tranquilidade perfeita, em que é provável que as massas plutônicas esfriaram, em profundidade profundas, seria, muito provavelmente, altamente desfavorável para a separação de seus minerais constituintes; para, se a força atrativa, que durante o resfriamento progressivo junto às moléculas de diferentes minerais tivesse poder suficiente para mantê-los juntos, o atrito entre os cristais parcialmente formados ou glóbulos pastosos poderia de forma eficaz

---

[111] A massa cristalina de um fonolito frequentemente é penetrada por longas agulhas de hornblenda, a partir das quais parece que a hornblenda, embora um dos minerais mais fusíveis, cristalizou-se antes, ou ao mesmo tempo com uma substância mais refratária. Fonolito, ao que as minhas observações demonstram, em todos os casos parece ser uma rocha injetada, assim como as séries plutônicas; então, provavelmente, assim como as últimas, este geralmente foi resfriado sem perturbações repetidas e violentas. Aqueles geólogos que duvidavam que um granito poderia ter sido formado por liquefação ígnea, porque minerais de diferentes graus de fusibilidade imprimem cada um com suas formas, podem não estar cientes do fato da presença de hornblenda cristalizada penetrando fonolito, uma rocha sem dúvida de origem ígnea. A viscosidade, que agora é conhecida, que tanto o feldspato e o quartzo conservam a uma temperatura muito abaixo dos seus pontos de fusão, facilmente explica sua relação mútua. Consulte sobre este assunto o trabalho do sr. Horner no *Bonn. Geolog. Transact.* vol. IV. p. 439; e *L'Institut*, com relação ao quartzo, 1839, p. 161.

impedir os mais pesados de afundar, ou os mais leves de flutuar. Por outro lado, uma pequena quantidade de perturbação, o que provavelmente iria ocorrer em focos vulcânicos, e nos quais nós temos visto que não se impede a separação de grânulos de chumbo a partir de uma mistura de chumbo derretido e prata, ou cristais de feldspato em derrames de lava, pela quebra e dissolução dos glóbulos menos perfeitamente formados, poderia permitir que os cristais mais perfeitos, e, portanto, não quebrados, afundassem ou flutuassem, de acordo com sua densidade específica.

Embora as rochas plutônicas das duas espécies distintas, correspondentes às series traquíticas e basálticas, não existam, eu realmente suspeito que certa quantidade de separação de suas partes constituintes tenha ocorrido. Eu suspeito disso por ter observado quão frequentemente diques de *greenstone* e basalto intersectam amplamente formações extensas de granitos e de rochas metamórficas aliadas. Eu nunca examinei um distrito em uma extensa região granítica sem descobrir diques. Pude observar exemplos de inúmeros diques em diversos distritos do Brasil, Chile, Austrália e no Cabo da Boa Esperança: muitos diques similares a esses ocorrem em grandes tratos graníticos da Índia, no norte da Europa e em outros países. De onde, então, basalto e *greenstone*, que formam esses diques, vieram? Devemos supor, assim como os geólogos mais experientes, que uma zona de armadilha está uniformemente espalhada por baixo da série granítica, a qual compõe, tanto quanto sabemos, a base da crosta terrestre. Não é mais provável que esses diques tenham sidos formados por fissuras de penetração em rochas parcialmente resfriadas das séries graníticas e metamórficas e por suas partes mais fluidas, que consistem principalmente de hornblenda, que ao escorrer seriam sugadas por tais fissuras? Na Bahia, no Brasil, em um distrito composto por gnaisse e *greenstone* primitiva, eu observei diversos diques de uma rocha augítica escura (com um cristal que certamente era deste mineral) ou rochas hornblêndicas, as quais, como os diversos aspectos claramente provaram, foram tanto formados antes de a massa circundante ter se tornado sólida, ou junto com esta foi depois completamente amolecido[112].

---

[112] Porções desses diques foram quebradas e agora estão rodeadas por rochas

Em ambos os lados desse dique, o gnaisse foi penetrado na extensão de diversas jardas, por inúmeros segmentos curvilíneos ou faixas de material escuro, que se assemelha em formato às nuvens da classe chamada *cirrhi comæ*; alguns desses segmentos podem ser seguidos até sua junção com o dique. Ao examiná-los, eu duvido que esses veios curvilíneos similares a fios de cabelo poderiam ter sido injetados e eu agora suspeito que em vez de ter sido injetados a partir do dique, eles eram os seus alimentadores. Se o ponto de vista anterior sobre a origem dos diques em amplas regiões graníticas, distantes de rochas de qualquer outra formação, for admitido como provável, podemos admitir ainda, no caso de grandes corpos de rocha plutônica, que tenham sido impelidos por repetidos movimentos no eixo de uma cadeia de montanhas, no qual suas partes constituintes mais líquidas podem escorrer para abismos profundos e invisíveis; em seguida, talvez, possa ser trazido à superfície sob a forma tanto de massas injetadas de *greenstone* e pórfiro augíticas[113] ou de erupções basálticas. Grande parte da dificuldade que os geólogos têm experimentado, quando comparam a composição de formações vulcânicas e plutônicas, irá, eu acredito, ser removida se nós pudermos acreditar que a maioria das massas plutônicas tem sido, em certa medida, empobrecida naqueles

---

primárias com sua laminação concordantemente sinuosa em volta deles. O dr. Hubbard, também (*Silliman's Journal*, vol. XXXIV. p. 119), descreveu um entrelaçamento de veios em granitos nas White Mountains, que ele acredita ter sido formado quando ambas as rochas estavam em estado plástico.

[113] Sr. Phillips (*Lardner's Encyclop.* vol. II. p. 115) cita a declaração de Von Buch que rochas augíticas porfiríticas variam paralelamente a, e são encontradas constantemente na base de, grandes cadeias de montanhas. Humboldt, também, tem ressaltado a frequente ocorrência de rochas encaixantes em uma posição similar; fato do qual eu tenho observado diversos exemplos no pé da Cordilheira Chilena. A existência de granito no eixo das grandes cadeias de montanhas é sempre provável e estou tentado a supor que as massas injetadas lateralmente de rochas augíticas porfiríticas e de encaixante têm quase a mesma relação com os eixos graníticos, dos quais as lavas basálticas suportam as massas graníticas centrais, ao redor dos flancos das quais elas tem tão frequentemente sido erupcionados.

elementos comparativamente pesados e facilmente liquefeitos, os quais compõem as séries de rochas basálticas e diques.

Sobre a distribuição de ilhas vulcânicas. Durante as minhas investigações sobre recifes de corais, tive a oportunidade de consultar as obras de muitos viajantes e era invariavelmente atingido com o fato de que, com raras exceções, as inúmeras ilhas espalhadas por todo os oceanos – Pacífico, Índico e Atlântico – foram compostas tanto por rochas vulcânicas como por corais modernos. Seria tedioso fornecer um longo catálogo de todas as ilhas vulcânicas, mas as exceções que encontrei são facilmente enumeradas: no Atlântico, temos St. Paul's Rock, descrita neste volume, e as Ilhas Falkland, compostas de quartzo e clayslate, mas as Ilhas Falkland são de considerável tamanho e não se encontram muito distantes da costa sul-americana[114]. No Oceano Índico, as Seychelles (situada em uma linha prolongada a partir de Madagascar) consistem de granito e quartzo; no Oceano Pacífico, Nova Caledônia, uma ilha de grande dimensão, pertence (pelo tanto que é conhecida) à primeira classe; Nova Zelândia, a qual contém muita rocha vulcânica e alguns vulcões ativos, a partir de seu tamanho não pode ser classificada com as pequenas ilhas, que agora estão sendo consideradas. A presença de pequena quantidade de rochas não vulcânicas, como a ardósia em três ilhas dos Açores[115], ou de calcário terciário em nas Ilhas da Madeira, ou da ardósia na Ilha Chatham no Pacífico, ou de linhito em Kerguelen Land, não deveria excluir essas ilhas ou arquipélagos,

---

[114] A julgar pela observação imperfeita de Forster, talvez a Geórgia não tenha origem vulcânica. Dr. Allan me informou em relação às Ilhas Seychelles. Eu não sei qual a formação que compões a Ilha Rodriguez, no Oceano Índico.

[115] Isto é defendido pela autoridade do Conde V. de Bedemar, com relação a Flores e Graciosa (*Charlsworth Magazine of Nat. Hist.* vol. I. p. 557). S. Maria não possui rocha vulcânica, de acordo com o Capitão Boyd (Von Buch's Descript. p.365). A Ilha Chatham foi descrita pelo Dr. Dieffenbach, no *Geographical Journal*, 1841, p. 201. Como ainda temos recebido apenas informações imperfeitas de Kerguelen Land, na Expedição Antártica.

se formados principalmente de forma eruptiva, a partir da classe vulcânica.

A composição de inúmeras ilhas, espalhadas pelos grandes oceanos, com raras exceções vulcânicas, é evidentemente uma extensão dessa lei e o efeito daquelas mesmas causas, seja química ou mecânica, da qual resulta uma ampla maioria de vulcões agora em atividade que permanecem tanto como ilhas no mar ou próximo às costas. Este fato de as ilhas oceânicas serem tão geralmente vulcânicas é, também, interessante em relação à natureza das cadeias de montanhas sobre nossos continentes, os quais em comparação são raramente vulcânicos; e ainda somos levados a supor que onde nossos continentes agora permanecem um oceano uma vez se estendeu. Nós poderíamos perguntar: as erupções vulcânicas alcançaram a superfície mais facilmente através de fissuras, formadas durante os primeiros estágios de conversão do leito marinho em um pedaço de terra?

Olhando para mapas de inúmeros arquipélagos vulcânicos vemos que as ilhas estão geralmente arranjadas em alinhamentos simples, duplos ou triplos, em linhas que são frequentemente curvadas em um leve grau[116]. Cada ilha separada está tanto arredondada ou mais geralmente alongada na mesma direção aos grupos com o qual pertence, mas algumas vezes transversalmente a estes. Alguns dos grupos que não são muito alongados apresentam pouca simetria em suas formas; M. Virlet[117] defende que esse é o caso do Arquipélago Grego: nesses grupos eu suspeito (porque estou ciente do quanto é fácil enganar a si mesmo nesses pontos) que as aberturas vulcânicas estão geralmente dispostas sobre uma linha ou em um conjunto de curtas linhas paralelas que se intersectam em ângulos retos com outra linha, ou conjunto de linhas.

---

[116] Os professores William e Henry Darwin Rogers ultimamente têm insistido bastante, em um *memoir* lido antes da Associação Americana, sobre as linhas de elevação curvadas regularmente em partes da Faixa Apalachiana.

[117] Bulletin de *la Soc. Géolog.* tom. III. p. 110.

O Arquipélago de Galápagos oferece um exemplo dessa estrutura; a maioria das ilhas e os principais orifícios das maiores ilhas são tão agrupados quanto caem em um conjunto de linhas variando de NW para N e em um grande conjunto aproximadamente WSW; no Arquipélago das Canárias nós temos uma estrutura mais simples desse mesmo tipo; no grupo do Cabo Verde, o qual parece ser menos simétrico do que qualquer outro arquipélago vulcânico, uma linha NW e SE formada por diversas ilhas, se prolongadas, poderia intersectar em ângulos retos um linha curva na qual as ilhas restantes são colocadas.

Von Buch[118] tem classificado todos os vulcões em duas categorias, denominadas vulcões centrais, ao redor das quais inúmeras erupções têm ocorrido por todos os lados, de forma quase regular, e cadeias vulcânicas. Nos exemplos dados da primeira classe, na medida em que a posição é relacionada, eu não vejo qualquer razão para que ela possa ser chamada de "central"; e a evidência de qualquer diferença na natureza mineralógica entre vulcões centrais e cadeias vulcânicas parece sutil. Sem dúvida alguma que uma ilha nos menores arquipélagos vulcânicos está apta a ser considerada mais elevada do que outras; de um modo semelhante, qualquer que seja a causa pode ser que na mesma ilha um orifício vulcânico seja geralmente mais elevado do que todos os outros. Von Buch não inclui em sua classe de cadeias vulcânicas pequenos arquipélagos, nos quais as ilhas, admitidas por ele, estão alinhadas, como os Açores; mas quando observados em um mapa do mundo, o quão perfeito uma série existe, com algumas ilhas vulcânicas dispostas em uma linha, como um trem de arquipélagos lineares seguindo uns aos outros em uma linha reta, e assim por diante em uma grande muralha como a Cordilheira da América, é difícil de acreditar que exista qualquer diferença entre as cadeias vulcânicas curtas e longas. Von Buch defende[119] que suas cadeias vulcânicas superam, ou estão intimamente conectadas com, cadeias de montanhas de formação primária: mas se os trens de arquipélagos lineares estão no curso do tempo, por uma longa ação contínua de forças vulcânicas e

---

[118] *Description des Isles Canaries*, p. 324.

[119] Idem, p. 393.

elevatórias, convertidas em cadeias de montanhas, isso iria naturalmente resultar que as rochas primárias inferiores poderiam ser frequentemente soerguidas e afloradas.

Alguns autores têm ressaltado que ilhas vulcânicas ocorrem espalhadas através de distâncias desiguais, ao longo das margens de grandes continentes, como se de alguma forma estivessem relacionadas com eles. No caso de Juan Fernandez, situada a 330 milhas da costa do Chile, existe indubitavelmente uma conexão entre as forças vulcânicas que agem sob esta ilha, e sob o continente, como foi mostrado durante o terremoto de 1835. As ilhas, além disso, dos grupos vulcânicos pequenos, os quais bordejam continentes, são dispostas em linhas relacionadas àqueles, ao longo do qual as margens adjacentes dos continentes tendem. Eu pude citar como exemplo as linhas de intersecção em Galápagos e no Arquipélago do Cabo Verde, e a melhor linha marcada das Ilhas Canárias. Se esses fatos não forem meramente acidentais, nós podemos ver que muitas ilhas vulcânicas espalhadas e pequenos grupos estão relacionados não somente pela proximidade, mas na direção de fissuras de erupção dos continentes vizinhos, uma relação que Von Buch considera característica de suas grandes cadeias vulcânicas.

Em arquipélagos vulcânicos, os orificios raramente estão em atividade em mais de uma ilha ao mesmo tempo e as maiores erupções geralmente recorrem somente após longos intervalos. Observando o número de crateras que são geralmente encontradas sobre cada ilha de um grupo, e a vasta quantidade de material que tem sido erupcionado a partir delas, somos levados a atribuir uma elevada antiguidade inclusive àqueles grupos, os quais parecem, como em Galápagos, ser de origem comparativamente recente. Essa conclusão está de acordo com a prodigiosa quantidade de degradação, pela ação lenta do mar, sobre a qual suas costas originalmente inclinadas devem ter sofrido quando foram desgastadas, como frequentemente é o caso em grandes precipícios. Não nós devemos, contudo, supor, em quase nenhum exemplo, que todo o conjunto material formador de uma ilha vulcânica foi erupcionado ao nível no qual se encontra: o número de diques que parecem invariavelmente intersectar as porções interiores de cada vulcão demonstram, com os princípios explicados por M. Elie de Beaumont, que o conjunto todo foi soerguido e fissurado. Uma conexão, além dessa, entre as erupções vulcânicas e elevações em massa contemporâneas[120] tem, penso, sido demonstrada em meu trabalho *Coral Reefs*, sobre a frequente presença de restos orgânicos soerguidos, e da estrutura que acompanha os recifes de coral. Finalmente, posso ressaltar que em um mesmo arquipélago erupções ocorrem dentro do período histórico sobre mais de uma linha paralela de fissura; portanto, no Arquipélago de Galápagos, erupções ocorreram a partir do orifício na Ilha Narborough, e a partir de um orifício na Ilha Albemarle, sendo que esses orifícios não pertencem à mesma linha; nas Ilhas Canárias, erupções ocorreram em Teneriffe e Lanzarote, e nos Açores sobre três linhas paralelas no vulcão Pico, S. Jorge e Terceira. Acreditar que um eixo de montanha difere essencialmente em relação a um vulcão somente pelas rochas plutônicas que devem ter sido injetadas, em vez de material vulcânico que tenha sido ejetado, parece-me uma circunstância interessante, pela qual nós podemos inferir como provável que uma elevação de uma cadeia de montanhas, duas ou mais linhas paralelas que a constituem, podem ser soerguidas e injetadas dentro de um mesmo período geológico.

---

[120] Uma conclusão similar é conduzida em nós pelos fenômenos que acompanharam o terremoto de 1835 em Concepção e que são detalhados em meu artigo (vol. V. p. 601) no *Geological Transactions*.

CAPÍTULO VII

New South Wales – Formação de arenito – Pseudofragmentos encaixados de argila – Estratificação – Clivagem atual – Great Valleys – Van Diemen's Land – Formação paleozóica – Formação de rochas vulcânicas mais novas – Travertino com impressões de folhas extintas – Elevação de terra – Nova Zelândia – King George's Sound – Camadas ferruginosas superficiais – Depósitos de calcário superficial, com moldes de ramos – Sua origem a partir de partículas derivadas de conchas e corais – Sua extensão – Cabo da Boa Esperança – Junção de granito e ardósia – Formação de arenito.

O Beagle, em sua viagem de volta, tocou na Nova Zelândia, Austrália, Van Diemen's Land e Cabo da Boa Esperança. Com o objetivo de limitar a terceira parte destas observações geológicas à América do Sul, irei descrever aqui brevemente tudo aquilo que eu observei que for digno da atenção dos geólogos.

New South Wales

Minhas oportunidades de observação consistiram de um passeio de noventa milhas geográficas para Bathurst, em uma direção WNW a partir de Sydney. As primeiras 30 milhas a partir da costa passaram sobre uma região de arenito, divididas em muitos lugares por rochas encaixantes e separadas por uma escarpa negra sobre o Rio Nepean, a partir da grande plataforma de arenito das Blue Mountains. Essa plataforma superior está a 1.000 pés de altura nos limites da escarpa e eleva-se em uma distância de 25 milhas para uma altitude de 3.000 e 4.000 pés acima do nível do mar. A essa distância, a estrada desce para uma região menos elevada e composta principalmente por rochas primárias. Existe muito granito, que em uma local passa para um pórfiro vermelho com cristais octogonais de quartzo, e que é intersectado em alguns lugares por diques encaixantes. Perto de

143

Downs of Balthrust, eu passei sobre uma ardósia esmaltada, muito marrom-pálida, com as lâminas quebradas nas direções norte e sul: eu menciono este fato porque o capitão King me informou que, na região a 100 milhas ao sul, perto do Lago George, o micaxisto é tão invariavelmente norte e sul que os habitantes o aproveitam para encontrar seu caminho através das florestas.

O arenito das Blue Mountains possui pelo menos 1.200 pés de espessura e em alguns lugares possui aparentemente espessura maior; consiste de pequenos grãos de quartzo, cimentados por material branco terroso, e está repleto de veios ferruginosos. As camadas inferiores algumas vezes alternam com folhelho e carvão. Em Wolgan eu encontrei folhelho carbonífero, com folhas de *Glossopteris brownii*, uma samambaia que tão frequentemente acompanha o carvão da Austrália. O arenito contém seixos de quartzo e estes geralmente aumentam em número e tamanho (raramente, no entanto, excedem uma ou duas polegadas de diâmetro) nas camadas superiores: observei uma circunstância similar na grandiosa formação de arenito do Cabo da Boa Esperança. Na costa sul-americana, onde as camadas terciárias e supraterciárias têm sido extensivamente elevadas, repetidamente notei que as camadas superiores foram formadas por matérias mais grossas do que os inferiores: isto me pareceu que, como o mar tornou-se mais raso, a força das ondas ou correntes aumentaram. Na plataforma inferior, no entanto, entre as Blue Mountains e a costa, observei que as camadas superiores de arenito frequentemente passam para folhelhos argilosos, um efeito provavelmente de esse espaço inferior ter sido protegido das correntes fortes durante sua elevação. O arenito das Blue Mountains evidentemente tem origem mecânica e não sofreu qualquer ação metamórfica; fiquei surpreso em observar que em alguns espécimes quase todos os grãos de quartzo estavam perfeitamente cristalizados com facetas brilhantes, o que evidentemente não existia em sua forma original, sendo agregados em qualquer rocha previamente existente[121]. É difícil imaginar como esses cristais foram formados; é

---

[121] Li recentemente, em um artigo do Smith (o pai dos geólogos ingleses), na revista de história natural, que os grãos de quartzo da brita de *mill-stone* da Inglaterra são frequentemente cristalizados. O sr. David Brewster, em um artigo lido anteriormente na *British Association*, 1840, defende que em um

difícil acreditar que eles foram precipitados separadamente em seu estado cristalizado atual. É possível que grãos arredondados de quartzo possam ter sido atingidos por um fluido que corroeu suas superfícies e depositou sobre eles sílica fresca? Eu posso ressaltar que na formação do arenito do Cabo da Boa Esperança é evidente que a sílica tem sido abundantemente depositada a partir de solução aquosa.

Em diversas partes do arenito, identifiquei pedaços de argila, o que poderia à primeira vista ser confundido com fragmentos estranhos; sua laminação horizontal, no entanto, por ser paralela com as do arenito, demonstra que eles foram remanescentes de camadas contínuas e finas. Um desses fragmentos (possivelmente de uma seção de corte longitudinal) visto na face de um desfiladeiro possui uma maior espessura vertical do que largura, o que prova que essa camada de argila deve ter sido consolidada em algum grau, depois de ter sido depositada e antes de ser desgastada pelas correntes. Cada fragmento de argila mostra, também, quão lentamente muitas das sucessivas camadas de arenito foram depositadas. Esses pseudofragmentos de argila irão talvez explicar, em alguns casos, a origem de fragmentos aparentemente estranhos em rochas metamórficas cristalinas. Eu menciono isso porque encontrei próximo ao Rio de Janeiro um fragmento angular bem definido, com sete jardas de comprimento por duas de largura, de gnaisse contendo granadas e mica em camadas, incluídas em um gnaisse porfirítico, estratificado, comum da região. As lâminas do fragmento e da matriz circundante correm exatamente na mesma direção, mas mergulham em ângulos diferentes. Eu não quero afirmar que esse fragmento singular (um caso solitário, pelo que conheço) foi originalmente depositado em uma camada, como a argila nas Blue Mountains entre os estratos de gnaisse porfirítico antes de eles sofrerem metamorfismo, mas há uma analogia suficiente entre os dois casos para tornar esta explanação possível.

---

vidro antigo decomposto o sílex e metais separaram-se em anéis concêntricos e que o sílex recuperou sua estrutura cristalina, como demonstrado pela sua ação sobre a luz.

Estratificação da escarpa. O estrato das Blue Mountains aparece aos olhos de forma horizontal, mas provavelmente tem uma inclinação semelhante com a superfície da plataforma, que mergulha para oeste em direção à escarpa sobre o Rio Nepean, a um ângulo de um grau ou de cem pés em uma milha[122]. Os estratos da escarpa mergulham quase em conformidade com sua face mais inclinada e com tanta regularidade que parecem como se arremessados para sua posição atual, mas, sob um exame mais cuidadoso, parecem se espessar e afinar, e sua porção superior parece ser sucedida e quase capeada por camadas horizontais. Esses aspectos tornam provável o que estamos vendo na escarpa original, não formada pela erosão marinha em direção ao estrato, mas pelo estrato ter originalmente se estendido para longe. Aqueles que têm o hábito de examinar acurados gráficos das costas marinhas, onde o sedimento está acumulando, estarão conscientes de que as superfícies dos bancos assim formados geralmente mergulham a partir da costa muito delicadamente em direção a uma determinada linha na distância da praia, além de que a profundidade na maioria dos casos repentinamente torna-se grande. Posso dar como exemplo os grandes bancos de sedimentos dentro do arquipélago do oeste indiano[123] que terminam na rampa submarina, inclinados a ângulos entre 30 e 40 graus e algumas vezes até mais do que 40 graus: todos sabemos o quão íngreme uma rampa poderia aparecer em terra. Bancos dessa natureza, se soerguidos, poderiam provavelmente possuir a mesma forma externa quanto a plataforma das Blue Mountains, onde termina abruptamente sobre o Nepean.

---

[122] Isso é declarado pela autoridade do sr. T. Mitchell em *Travels*, vol. II, p. 357.

[123] Descrevi esses curiosos bancos no apêndice (p. 196) do meu volume *On the Structure of Coral Reefs*. Verifiquei a inclinação das bordas dos bancos a partir da informação dada pelo capitão B. Allem, um dos topógrafos, e medindo cuidadosamente as distâncias horizontais entre a última sondagem sobre o banco e a primeira em água profunda. Bancos amplamente estendidos em todas as partes das Índias Ocidentais têm a mesma forma geral de superfície.

Clivagem de corrente. Os estratos de arenito na região da baixa costa, e da mesma forma nas Blue Mountains, são frequentemente divididos por lâminas cruzadas ou de corrente que mergulham em diferentes direções e frequentemente em um ângulo de 45 graus. A maioria dos autores tem atribuído a formação dessas camadas cruzadas a sucessivas pequenas acumulações sobre uma superfície inclinada, mas, sob um exame cuidadoso em algumas das partes do arenito New Red da Inglaterra, acredito que tais camadas geralmente formam parte de uma série de curvas, como gigantes tidal-ripples, os topos dos quais já foram desgastados, seja por superfícies quase horizontais, ou por outro conjunto de grandes ondulações, cujas quais não coincidem exatamente com as que estão abaixo deles. É bem conhecido pelos topógrafos que a lama e a areia são distribuídas durante tempestades para profundidades consideráveis, de pelo menos 300-450 pés[124], de modo que a natureza do fundo torna-se temporariamente alterada; a porção inferior, também, a uma profundidade entre 60 e 70 pés, foi observada[125] ser amplamente ondulada. Pode-se, portanto, permitir-se suspeitar, a partir dos aspectos já mencionados no arenito New Red, que em profundidades maiores o leito do oceano é preenchido durante tempestades em grandes sulcos ondulados e depressões, que posteriormente são erodidos pelas correntes durante o clima tranquilo e posteriormente remexidos durante tormentas.

Vales em plataformas de arenito. Os grandes vales, pelos quais as Blue Mountains e outras plataformas de arenito nessa parte da Austrália são penetradas e que por muito tempo ofereceram um obstáculo insuperável para as tentativas de a colonização alcançar o interior do país, formam a característica mais marcante na geologia de New South Wales. Eles são de grandes dimensões e bordejados por linhas continuas de altos desfiladeiros. Não é fácil conceber um espetáculo mais magnífico do que o apresentado a uma pessoa que caminha pelo cume das planícies quando sem qualquer aviso ela

---

[124] Veja Martin White em *Soundings in the British Channel*, p. 4 e 166.

[125] M. Siau em *The Action of Waves*. Edin. *New Phil. Journ.* vol. XXXI. p. 245.

alcança a beira de um desses penhascos, que são tão perpendiculares, e pode atirar uma pedra (como eu tentei) em direção às árvores que crescem a uma profundidade entre 1.000 e 1.500 pés abaixo; sobre as duas mãos ela vê ponta sobre ponta as linhas recuadas do desfiladeiro e no lado oposto do vale, frequentemente com a distância de diversas milhas, vê uma outra linha erguendo-se para a mesma altura como aquela em que está e formada pelo mesmo estrato de arenito pálido. Os fundos desses vales são moderadamente planos e as descidas dos rios que fluem neles, de acordo com o Sr. T. Mitchell, são suaves. Os vales principais se transformam em grandes plataformas parecidas com braços de baías, os quais se expandem nas suas extremidades superiores; por outro lado, a plataforma deixa promontórios no vale, e até mesmo deixa neles grandes massas, quase isoladas. As linhas delimitadoras das falésias são tão contínuas que para descer a alguns desses vales é necessário dar uma volta de 20 milhas e em outras os desbravadores só conseguiram entrar recentemente e os colonos ainda não são capazes de conduzir seu gado. No entanto, o ponto mais marcante da estrutura nesses vales é que, apesar de várias milhas de largura em suas partes superiores, eles geralmente se contraem em suas bocas a tal ponto que se tornam intransponíveis. O general desbravador sr. T. Mitchell[126] em vão se aventurou, primeiro a pé e em seguida escalando, entre os grandes fragmentos caídos de arenito para ascender através do desfiladeiro por onde o Rio Grose se junta ao Nepean, ainda que o vale do Grose em sua porção superior, como eu vi, forme uma bacia magnífica de algumas milhas de largura e esteja cercada por todos os lados por falésias, os picos dos quais se acredita estar em algum lugar acima dos 3.000 pés acima do nível do mar. Quando o gado é dirigido para o Vale de Wolgan por um caminho (que eu desci) parcialmente cortado pelos colonos, eles não podem escapar; esse vale está rodeado em todas as partes por falésias perpendiculares e oito milhas abaixo se contrai, a partir de uma largura média de meia milha, a um mero abismo intransponível para um homem ou animal. Sr. T. Mitchell[127] defende que o grande vale

---

[126] *Travels in Australia*, vol. I. p. 154. Devo expressar minha gratidão ao Sr. Mitchell por diversas comunicações pessoais interessantes sobre o assunto destes grandes vales de New South Wales.

[127] Idem, vol. II. P.358.

do Rio Cox, com todos os seus ramos, contrai-se onde se une com o Nepean, em um desfiladeiro de 2.200 jardas de largura e aproximadamente 1.000 pés de profundidade. Outros casos similares poderiam ser adicionados.

A primeira impressão, observando a correspondência de estratos horizontais, de cada lado desses vales e grandes depressões em forma de anfiteatro é que eles têm sido em grande parte perfurados, como outros vales, por erosão aquosa; mas, quando se leva em conta a enorme quantidade de rocha que precisaria ter sido removida, na maioria dos casos através de meros desfiladeiros ou abismos, somos levados a nos perguntar se esses espaços não poderiam ter afundado por subsidência. Mas, considerando a forma e a irregularidade dos vales ramificados, e dos promontórios estreitos, projetando-se em direção a suas plataformas, somos compelidos a abandonar essa noção. Atribuir esses buracos à ação aluvial poderia ser absurdo; nem mesmo a drenagem a partir do nível dos cumes que sempre caem, como eu comentei próximo a Weatherboard, em direção à cabeça desses vales, mas apenas em um dos lados de sua enseada com formato de baia. Alguns dos habitantes comentaram comigo que eles nunca viram uma dessas enseadas com formato de baía, com os promontórios recuados em ambos os lados, sem imediatamente perceber uma semelhança com uma costa marinha escura. Esse é certamente o caso; além disso, os inúmeros excelentes portos, com seus braços amplamente ramificados, na costa atual de New South Wales, os quais são geralmente ligados com o mar através de um canal estreito, com uma milha a um quarto de milha de largura, que passa através das falésias de arenito, apresentam semelhança, embora em escala diminuta, aos grandes vales do interior. Mas, então, imediatamente ocorre uma pergunta surpreendente, por que o mar desgastou essas grandes, embora limitadas, depressões sobre uma ampla plataforma, e deixou meros desfiladeiros, através dos quais toda a vasta quantidade de matéria triturada deve ter sido transportada? A única luz que consigo lançar sobre esse enigma é mostrando que os bancos parecem estar se formando, em alguns mares com os formatos mais irregulares, e que as laterais de tais bancos são tão inclinadas (como antes afirmado) que uma pequena quantidade comparativamente de erosão subsequente poderia transformá-los em falésias, nas quais as ondas têm a força para formar falésias altas e íngremes, mesmo em portos interiores, como observei em muitas partes da América do Sul. No Mar Vermelho, bancos com um contorno extremamente irregular e compostos de sedimento são penetrados por riachos com formatos singulares e com canais estreitos; esse também é o caso, embora em maior escala, dos bancos das Bahamas. Tais bancos fui levado a supor[128] terem sido formados por correntes de acúmulo sedimentar sobre um fundo irregular. Em alguns casos, o mar, em vez de espalhar os sedimentos em uma camada uniforme, acumula ao redor de rochas submarinas e ilhas, isto é dificilmente possível de duvidar, após examinar os mapas das Índias Orientais. Para aplicar essas ideias para as plataformas de arenitos de New South Wales, imagino que os estratos precisariam ter se acumulado sobre um fundo irregular pela ação de fortes correntes e de ondulações de mar aberto e que os espaços com formato de vale poderiam ser deixados sem preenchimento durante uma lenta elevação da terra, com seus flancos íngremes transformados em falésias por meio de erosão; o arenito desgastado é removido, seja durante o recuo marinho quando as estreitas gargantas foram desgastadas, ou posteriormente por ação aluvial.

Van Diemen's Land

A parte sul desta ilha é principalmente formada por montanhas de *greenstone*, o qual assume uma característica sienítica e contém muito hiperstênio. Essas montanhas, em sua porção da metade inferior, são geralmente envoltas por camadas que contêm numerosos pequenos corais e algumas conchas. Essas conchas foram examinadas pelo sr. G.B. Sowerby e estão descritas no apêndice;

---

[128] Veja no apêndice (p. 192 e 196) do livro *On Coral Reefs*. O fato de o mar acumular lama ao redor de um núcleo submarino é merecedor de nota aos geólogos; em relação a afloramentos com a mesma composição dos bancos de costa, que podem assim ser formados, e estes, se soerguidos e desgastados em falésias, poderia ser natural pensar que pudessem estar unidos alguma vez.

consistem de duas espécies de *Producta* e seis de *Spirifera*; duas delas, chamadas *P. rugata* e *S. rotundata*, que se assemelham, levando em consideração sua condição imperfeita, com as conchas calcárias das montanhas britânicas. O sr. Lonsdale teve a gentileza de examinar os corais e eles consistem de seis espécies não descritas, pertencentes a três gêneros. Espécies desse gênero ocorrem nos estratos siluriano, devoniano e carbonífero da Europa. Sr. Lonsdale ressaltou que todos esses fósseis têm uma característica inegável do Paleozoico e que provavelmente correspondem em idade a uma divisão desse sistema, acima das formações do Siluriano.

Os estratos contendo esses remanescentes são singulares pela extrema variabilidade de sua composição mineralógica. Toda forma intermediária está presente, entre camadas de ardósia e ardósia argilosa passando para um *wacke* cinza, calcário puro, arenito e rocha porcelânica e algumas das camadas podem ser descritas como compostas por camadas de argilito-calcário-síltico. A formação, de longe quanto pude julgar, tem pelo menos mil pés de espessura: a porção superior com algumas centenas de pés consiste geralmente de arenito silicoso, contendo seixos e matéria orgânica remanescente; o estrato inferior, do qual uma ardósia verde-pálida é talvez a mais abundante, é o mais variável e contém abundantes remanescentes de matéria orgânica. Entre duas camadas de calcário cristalino duro, próximo a Newton, uma camada de material calcário macio é extraída e é utilizada para branquear casas. A partir das informações dadas a mim pelo sr. Frankland, o pesquisador-geral, parece que essa formação do Paleozoico é encontrada em diferentes partes de toda a ilha; ele também me informou que posso encontrá-la pela costa nordeste e em Bass' Straits a rocha primária ocorre extensivamente.

As costas da Storm Bay são contornadas, à altura de algumas centenas de pés, por estratos de arenito contendo seixos da formação descrita, com seus fósseis característicos, e, portanto, pertencentes a uma idade subsequente. Essas camadas de arenito costumam passar para folhelho e se alternam com camadas de carvão impuro; foram violentamente perturbadas em muitos lugares. Perto de Hobart Town, observei um dique com quase uma centena de jardas de largura sobre um lado do qual as camadas foram inclinadas num ângulo de 60° e no outro lado elas estavam verticais e foram alteradas pelo efeito do calor. No lado oeste da Storm Bay, encontrei esses estratos cobertos por fluxos de lava basáltica com olivina e por perto havia uma massa de escória brechada, contendo seixos de lava, os quais provavelmente marcam o local de uma cratera submarina antiga. Dois desses derrames de basalto foram separados entre si por uma camada de *wacke* argiláceo, o qual pode ser seguido até sua transição para uma escória alterada. O *wacke* contém inúmeros grãos arredondados de um mineral verde-grama, macio, com um brilho ceroso e translúcido em suas bordas; sob o maçarico ele instantaneamente escurece e funde-se em um esmalte negro, fortemente magnético. A partir dessas características, assemelha-se àquelas massas de olivina decompostas descritas em Santiago no Cabo Verde; eu teria acreditado que elas foram originadas assim se eu não tivesse encontrado uma substância similar, em segmentos cilíndricos, dentro das células do basalto vesicular, um estado no qual a olivina nunca ocorre. Essa substância[129] eu acredito que poderia ser classificada como *bole* por mineralogistas.

Travertino com plantas extintas. Atrás de Hobart Town existe uma pequena pedreira de um travertino duro, no qual os estratos inferiores contêm abundantes impressões de folhas distintas. O sr. Robert Brown teve a gentileza de olhar os meus espécimes e informou que existem quatro ou cinco tipos, sendo que nenhum dos quais ele reconheceu como pertencente a uma espécie existente. A folha mais notável é uma palmeira, como a de uma palmeira-leque, e nenhuma planta com folhas dessa estrutura foi descoberta em Van Diemen's Land. As outras folhas não se assemelham às formas comuns de Eucalyptus (principal árvore que compões as floretas da região), mas também não se assemelham às classes de exceção de formas comuns de folhas de Eucalyptus que ocorrem nessa ilha. O travertino que contém esse remanescente de uma vegetação perdida é de cor amarelo-pálida, duro, mesmo em porções cristalinas, mas não

---

[129] *Chlorophœite* descrita pelo dr. MacCulloch (Western Islands, vol. I. p. 504) que ocorre em amigdalas basálticas difere dessa substância por permanecer inalterado antes de se submeter ao maçarico e por escurecer quando exposto ao ar. Podemos supor que a olivina passa por várias mudanças notáveis, como descrito em Santiago?

é compacto e está todo penetrado por diminutos poros cilíndricos, tortuosos. Contêm poucos seixos de quartzo, e camadas ocasionais de nódulos de calcedônia, como os cherts em nosso Greensand. Devido à pureza dessa rocha calcária, ela tem sido procurada em outros locais, mas nunca foi encontrada. A partir dessa circunstância, e do caráter do depósito, ele provavelmente foi formado por uma fonte calcária que entra em uma pequena piscina ou em um riacho estreito. Os estratos foram posteriormente inclinados e fissurados e a superfície foi coberta por uma massa singular, com a qual também uma grande fissura foi preenchida, formada por bolas de rochas encaixantes em uma mistura de wacke e de uma substância alumino-calcária branca, terrosa. Por isso, parece como se uma erupção vulcânica tivesse ocorrido nas bordas de uma piscina, na qual o material calcário foi depositado, e posteriormente quebrado e esvaziado.

Elevação da terra. Ambas as costas leste e oeste da baía, no bairro de Hobart Town, são cobertas majoritariamente até a altura de 30 pés acima do nível de mar alto por conchas quebradas, misturadas com seixos. Os colonos atribuem essas conchas aos aborígenes que as teriam levado para alimentar-se; sem dúvida existem muitos montes grandes que foram assim formados, conforme me foi apresentado pelo sr. Frankland, mas eu acho que a partir dos números de conchas, de seu tamanho pequeno, pela maneira que são finamente dispersas e por alguns aspectos na morfologia da terra, devemos atribuir a presença de um grande número de pequenas elevações no terreno. Na costa de Ralph Bay (abertura a partir de Storm Bay) eu observei uma praia contínua com aproximadamente 15 pés acima da marca de mar alto, revestida com vegetação, e ao escavá-la foram encontrados seixos incrustados com Serpulæ; ao longo das margens do Rio Derwent encontrei uma camada de conchas quebradas acima da superfície do rio e em um ponto onde a água é demasiadamente doce para essas conchas marinhas, mas em ambos os casos é apenas possível que antes que certos bancos de areia e lama fossem acumulados em Storm Bay as marés poderiam ter subido até a altura em que agora se encontram estas conchas[130].

Evidência mais ou menos nítida de uma mudança entre a terra e o mar foi detectada em quase todas as terras deste lado do globo. Capitão Grey e outros viajantes encontraram na parte sul da Austrália conchas soerguidas, pertencentes ao período Terciário superior ou recente. Os naturalistas franceses na expedição de Baudin encontraram conchas similares posicionadas na costa SW da Austrália. O reverendo W. B. Clarke[131] encontrou provas de elevação do terreno na distância de 400 pés a partir do Cabo da Boa Esperança. Nos arredores da Bay of Islands, na Nova Zelândia[132],

---

[130] Parece que algumas mudanças estão ocorrendo em Ralph Bay; pelo que me foi assegurado por um inteligente fazendeiro, as ostras eram abundantes nessa baía, porém, desapareceram no ano de 1834, sem causa aparente. Na *Transactions of the Maryland Academy* (vol. I. part I, p. 28) existe um tópico do sr. Ducatel em que vastas camadas de ostras e amêijoas foram destruídas pelo enchimento gradual das lagoas rasas e canais, nas costas do sul dos Estados Unidos. No Chile, na América do Sul, ouvi sobre um desaparecimento similar em uma parte da costa, confirmado pelos habitantes, de uma espécie de *Ascidia* comestível.

[131] *Proceedings of the Geological Society*, vol. III. p. 420.

[132] Eu irei catalogar aqui as rochas que encontrei próximo a Bay of Islands, na Nova Zelândia: 1º - muitas rochas basálticas e escoriáceas formando distintas crateras; 2º - uma colina em formato de castelo com estratos horizontais de calcário com cor de carne, com distintas facetas cristalinas quando fraturadas: a chuva atua sobre essa rocha de uma forma notável, corroendo sua superfície em uma miniatura de um país alpino, sendo que observei aqui camadas de *chert* e pedras ferruginosas de argila e, no leito de um riacho, seixos de ardósia; 3º - as margens da Bay of Islands são formadas por uma rocha feldspática, com uma coloração cinza-azulada, frequentemente muito decomposta, com uma fratura angular e cruzada por inúmeras crostas ferruginosas, mas sem qualquer estratificação ou clivagem distinta. Algumas variedades são altamente cristalinas e seriam imediatamente identificadas como rochas encaixantes; outras se assemelham à ardósia, ligeiramente alterada pelo aquecimento; não fui capaz de formar qualquer opinião sobre esta formação.

observei que as praias estavam disseminadas em certa altura como em Van Diemen's Land, com conchas que os colonos atribuem aos nativos. Qualquer que tenha sido a origem dessas conchas, não posso duvidar, depois de ter visto uma parte do vale do Rio Thames (37° S) desenhado pelo reverendo W. Willians, que a terra foi lá elevada: em lados opostos desse grande vale três terraços com formato de degrau, compostos por uma enorme acumulação de seixos arredondados, correspondem exatamente com o outro; o desnível entre cada terraço é de aproximadamente 50 pés de altura.

Ninguém, após examinar os terraços nos vales das costas da América do Sul ocidental que possuem conchas marinhas disseminadas e foram formados durante períodos de descanso na lenta elevação de terra, poderia duvidar que os terraços da Nova Zelândia foram formados de modo semelhante. Posso acrescentar que o dr. Dieffenbach, em sua descrição das Ilhas Chatham[133] (SW da Nova Zelândia) afirma que "o mar deixou muitos lugares despidos, uma vez que foram cobertos por suas águas."

King George's Sound

Este local está situado na porção sudoeste do continente australiano: o conjunto todo é granítico, com os minerais constituintes algumas vezes obscuramente arranjados em lâminas retas ou curvas. Nesses casos, a rocha poderia ser denominada por Humboldt como um granito-gnaisse e é notável a forma das colinas cônicas despidas, que parecem ser compostas por grandes camadas dobradas, as quais muito se assemelham, em uma escala menor, àquelas compostas de granito-gnaisse do Rio de Janeiro e àquelas descritas por Humboldt na Venezuela. Essas rochas plutônicas são, em muitos lugares, intersectadas por diques encaixados: em um lugar encontrei dez diques paralelos variando de uma linha E-W e não muito distante outro conjunto de oito diques, compostos por uma variedade diferente, dispostos em ângulos retos com os anteriores.

---

[133] *Geographical Journal*, vol. XI. p. 202-205.

Observei em diversos distritos primários a ocorrência de sistemas de diques paralelos e próximos entre si.

Camadas ferruginosas superficiais. As partes mais baixas desta região estão em todos os locais cobertas por uma camada, seguindo as desigualdades da superfície, de um arenito com aparência de favo de mel com abundantes óxidos de ferro. Camadas de composição semelhantes são comuns, eu acredito, ao longo de toda a costa ocidental da Austrália e em muitas das ilhas das Índias Orientais. No Cabo da Boa Esperança, na base das montanhas formadas por granito e cobertas com arenito, o solo é todo revestido por uma massa de *ochraceous*, pedregulhosa, com granulação fina, como em King George's Sound, ou por um arenito grosso, com fragmentos de quartzo, que se tornou duro e pesado devido à abundância de hidrato de ferro, que apresenta um brilho metálico quando recém quebrado. Ambas as variedades têm uma textura muito irregular, incluindo espaços tanto arredondados quanto angulares, cheios de areia solta; por conta disso, a superfície é sempre alveolada. O óxido de ferro é mais abundante nas bordas das cavidades, nas quais proporciona uma fratura metálica. Nessas formações, bem como em muitos outros depósitos sedimentares, é evidente que o ferro tende a tornar-se agregado em forma de concha ou de rede. A origem dessas camadas superficiais, embora suficientemente obscura, parece ser devido à ação aluvial sobre detritos com abundante ferro.

Depósito de calcário superficial. Um depósito de calcário no pico de Bald Head, contendo corpos ramificados que supostamente correspondem a antigos corais para alguns autores, foi brindada pelas descrições de muitos viajantes ilustres[134]. Ele se dobra e esconde elevações irregulares de granito, na altura de 600 pés acima do mar. O depósito varia muito em espessura; onde estratificado, as camadas são frequentemente inclinadas em altos ângulos, atingindo até 30

---

[134] Visitei essa colina, na companhia de do capitão FitzRoy, e chegamos a uma conclusão semelhante sobre esses corpos ramificados.

graus, e elas mergulham em todas as direções. Essas camadas são cruzadas algumas vezes por laminações oblíquas ou quase paralelas. O depósito consiste tanto de um pó de calcário, fino, branco, em que nenhum traço de estrutura pode ser descoberto, ou extremamente fino, com grãos arredondados, de cores marrom, amarelada e arroxeada, sendo ambas as variedades geralmente, mas nem sempre, misturadas com pequenas partículas de quartzo e cimentadas em uma rocha mais ou menos perfeita. Os grãos arredondados de calcário, quando aquecidos em um grau leve, instantaneamente perdem suas cores; nesse e em todos os aspectos assemelham-se com aquelas partículas diminutas de mesmo tamanho de conchas e corais que em S. Helena foram depositadas nos lados das montanhas, e desta forma, foram selecionados os fragmentos mais grossos. Eu não posso duvidar de que as partículas de calcário colorido tiveram aqui uma origem semelhante. O pó impalpável foi provavelmente derivado a partir da decomposição de partículas arredondadas; isso certamente é possível, pela costa do Peru, onde eu acompanhei grandes conchas inteiras que se transformam gradualmente em uma substância tão fina como giz em pó, em ambas as variedades acima mencionadas de arenito calcário frequentemente alternadas com, e misturadas com, finas camadas de uma rocha dura subestalagmítica[135], que é totalmente livre de quartzo, mesmo quando

---

[135] Adoto esse termo em referência ao excelente artigo do tenente Nelson sobre as Ilhas Bermudas (*Geolog. Trans.* vol. V. p. 106) em relação às rochas de coloração amarronzada ou creme, compactas, duras, sem qualquer estrutura cristalina, que tantas vezes acompanham acumulações calcárias superficiais. Tenho observado tais camadas superficiais, revestidas com rochas subestalagmíticas, no Cabo da Boa Esperança, em diversas partes do Chile e sobre amplas regiões de La Plata e Patagônia. Algumas dessas camadas foram formadas a partir de conchas deterioradas, mas a origem de um grande número ainda é suficientemente incompreendida. As causas que determinam como a água irá dissolver a cal e em seguida redepositá-la não são, penso eu, conhecidas. As superfícies das camadas subestalagmíticas parecem estar sempre corroídas pela água da chuva. Como todas as regiões mencionadas possuem uma longa estação seca, em comparação com a estação chuvosa, eu deveria pensar que a presença desta subestalagmite estivesse relacionada com

as formações de cada lado o contêm; dessa forma, devemos supor que essas camadas, bem como massas semelhantes, foram formadas pela chuva ao dissolver o material calcário e reprecipitando-se, tal como aconteceu em S. Helena. Cada camada marca provavelmente uma superfície do período em que as partículas de areia estavam soltas, as quais atualmente estão cimentadas. Essas camadas estão algumas vezes brechadas e recimentadas, como se tivessem sido quebradas pela movimentação da areia quando macia. Eu não encontrei um único fragmento de concha marinha; mas conchas descoloridas de Helix melo, uma espécie atual terrestre, que é abundante em todos os estratos; também encontrei um outro Helix, no caso um Oniscus.

Os ramos são absolutamente indistinguíveis pelo formato, desde os caules quebrados e retos de uma pequena árvore; suas raízes muitas vezes estão descobertas e vistas divergir em todos os lados; em diversos lugares um ramo é encontrado prostrado. Os ramos geralmente consistem de arenito, mais firme do que o material circundante, com partes centrais preenchidas, tanto com material calcário friável, ou com uma variedade subestalagmítica; a parte central é frequentemente penetrada por fendas lineares, algumas vezes, embora raramente, contendo vestígios de matéria lenhosa. Estes calcários, em corpos ramificados, parecem não ter sido formados por calcário fino lavado para dentro de moldes ou cavidades, gerados após a decomposição de galhos e raízes de pequenas árvores, enterradas sob areia assoprada. Toda a superfície

---

o clima, no entanto, o tenente Nelson encontrou essa substância formando-se sobre a água do mar. Conchas desintegradas parecem ser extremamente solúveis; disso encontrei uma boa evidência em uma rocha curiosa em Coquimbo, no Chile, que consistia de cascas vazias, *pellucid*, pequenas e cimentadas. Uma série de espécimes mostra claramente que essas cascas tinham originalmente pequenas partículas arredondadas de conchas que estavam envelopadas e cimentadas por um material calcário (como ocorre frequentemente em praias marinhas) e que foram subsequentemente deterioradas e dissolvidas pela água, que deve ter penetrado através das cascas calcárias sem corroê-las, processo do qual cada estágio pode ser observado.

da colina está agora passando por desintegração e, portanto, os moldes, que são compactos e duros, ficam aflorando. Na areia calcária no Cabo da Boa Esperança encontrei moldes descritos por Abel muitos similares àqueles em Bald Head, mas seus centros estão frequentemente preenchidos com material carbonático negro, ainda não removido. Não é de surpreender que a matéria lenhosa tivesse sido totalmente removida dos moldes em Bald Head, pois é certo que muitos séculos devem ter passado desde que essas árvores foram enterradas; neste momento, devido à forma e altura do promontório estreito, nenhuma areia é soprada e toda a superfície, como já observei, está sendo desgastada. Devemos, portanto, olhar para um período em que o terreno estava em um nível inferior, do qual os naturalistas franceses[136] encontraram evidências de conchas soerguidas de espécies recentes, para a deriva de areia de calcário e quartzo em Bald Head e o consequente soterramento de restos vegetais. Existe apenas uma questão que no primeiro momento me confundiu em relação à origem do molde, isto é, as raízes mais finas de diferentes hastes às vezes tornam-se unidas em placas verticais ou veios; mas deve-se ter em mente que as raízes finas, muitas vezes, preenchem rachaduras na terra dura e que essas raízes decompõem-se e deixam buracos, bem como as hastes; não existe dificuldade real em compreender esse caso. Além dos calcários ramificados do Cabo da Boa Esperança, tenho observado moldes, exatamente com as mesmas formas, na Ilha da Madeira[137] e em Bermuda; neste último local as

---

[136] Veja *M. Péron's Voyage*, tom. I. p. 204.

[137] Dr. J. Macaulay descreveu completamente (*Eding. New Phil. Journ.* vol. XXIX. p. 350) os moldes da Ilha Madeira. Ele considera (diferentemente do sr. Smith de Jordan Hill) que esses corpos podem ser corais e o depósito calcário pode ter origem subaquosa. Seus argumentos principalmente se baseiam na grande quantidade de material calcário (suas observações sobre a estrutura são vagas) e sobre os moldes contendo matéria animal, como mostrado pela amônia desenvolvida. O dr. Macaulay tinha visto as enormes massas de partículas roladas de conchas e corais na praia de Ascensão e especialmente sobre recifes de corais e ele refletiu sobre os efeitos de ventos suaves, longos e contínuos, sobre a deriva das partículas mais finas; ele dificilmente poderia ter avançado o argumento da quantidade, que raramente é digno de confiança em geologia. Se a matéria calcária tiver sido originada pela desintegração de conchas e corais, a matéria animal é o que

rochas calcárias circundantes, a julgar pelos espécimes coletados pelo tenente Nelson, que são muito semelhantes, bem como sua formação subárea. Refletindo sobre a estratificação do depósito de Bald Head, sobre as camadas irregularmente alternadas de rochas subestalagmíticas, as partículas arredondadas e de tamanho uniforme, aparentemente de conchas marinhas e corais, a abundância de conchas terrestres inseridas na massa e, finalmente, sobre a semelhança dos moldes calcários dos troncos, raízes e ramos daquele tipo de vegetação, que crescem em montes arenosos, eu penso que não pode haver dúvida razoável, não obstante as diferentes opiniões de alguns autores, de que a verdadeira razão de sua origem foi aqui explicada.

Depósitos de calcários, como esses de King George's Sound, são de grande extensão nas costas australianas. O dr. Fitton ressalta que "brechas de calcários recentes (termo pelo qual todos estes depósitos estão incluídos) foram encontrados durante a viagem de Baudin, ao longo de um espaço não inferior a 25 graus de latitude e uma igual extensão em longitude, nas costas sul, oeste e noroeste"[138]. Parece também que M. Perón, cujas observações e opiniões sobre a origem da

---

teria sido esperado encontrar. O sr. Anderson analisou parte do molde do dr. Macaulay, e o que ele encontrou era composto por:

Carbonato de cálcio 73.15 %

Sílica 11.90 %

Fosfato de cálcio 8.81 %

Máteria animal 4.25 %

Sulfato de cálcio – traço %

Total 98.11 %

[138] Para um amplo detalhe sobre esta formação consulte o apêndice do dr. Fitton em *Capt. King's Voyage.* O dr. Fitton é inclinado a atribuir a origem concrecionária aos corpos ramificados. Posso ressaltar que observei camadas de areia no La Plata com hastes cilíndricas, que sem dúvida foram assim originadas, mas diferem muito em aparência daqueles de Bald Head e dos outros lugares mencionados anteriormente.

matéria calcária e moldes de ramos estou totalmente de acordo, considera que o depósito é geralmente muito mais contínuo do que próximo a King George's Sound. No Rio Swan, Archdeacon Scott[139] afirma que nele se estende por dez milhas em direção ao interior. Capitão Wickham, além disso, informa que durante sua pesquisa tardia na costa oeste o fundo do mar, onde o navio se ancorava, foi amostrado e consistia de material calcário branco. Por isso, parece que ao longo da costa, como no Atol de Bermuda e Keeling, depósitos submarinos e subaéreos estão contemporaneamente em processo de formação, a partir da desintegração de corpos orgânicos marinhos. A extensão desses depósitos, considerando sua origem, é muito marcante e podem ser comparadas, neste aspecto, somente com os grandes recifes de corais dos oceanos Pacífico e Índico. Em outras partes do mundo, por exemplo, na América do Sul, existem depósitos calcários superficiais de grande extensão, nos quais nenhum traço de estrutura orgânica é detectável; essas observações podem levar a questão se esses depósitos não podem, também, ter sido formados a partir da desintegração de conchas e corais.

Cabo da Boa Esperança

Após os relatos feitos por Barrow, Carmichael, Basil Hall e W. B. Clarke sobre a geologia deste distrito, vou me limitar a poucas observações sobre a junção das três principais formações. A rocha

---

[139] *Proceedings of the Geolog. Soc.* vol. I. p. 320.

principal é um granito[140] sobreposto por ardósia, a última geralmente dura e brilhante contendo diminutas micas; ele se alterna com, e passa para, camadas de xisto feldspático, pouco cristalino. A ardósia é notável por estar decomposta em alguns lugares (como em Lion's Rump), mesmo na profundidade de 20 pés, em uma rocha pálida com cor de arenito, que pode enganar, eu acredito, alguns observadores ao descrevê-la como uma formação separada. Eu fui guiado pelo dr. Andrew Smith até uma interessante junção em Green Point entre o granito e a ardósia: a último a uma distância de um quarto de milha a partir desse ponto, onde o granito aparece na praia (embora, provavelmente o granito esteja muito mais próximo no subsolo), tornando-se ligeiramente mais compacto e cristalino. A uma pequena distância, algumas das camadas de ardósia possuem uma textura homogênea e listras obscuras com diferentes zonas de cores, enquanto outras são obscuramente manchadas. A cem jardas do primeiro veio de granito, a ardósia consiste de diversas variedades, algumas compactas com um tom arroxeado, outras brilhando com inúmeras pequenas micas, além de feldspato imperfeitamente cristalizado; alguns obscuramente granulares, outros porfiríticos com pontos pequenos e alongados de um mineral branco macio, que facilmente é corroído, o que fornece a essa variedade uma aparência vesicular. Perto do granito, a ardósia é transformada em uma rocha laminada, de cor escura, com uma fratura granular, a qual é, devido a cristais imperfeitos de feldspato, revestida por pequenas folhas de mica.

A junção atual entre os distritos de granito e ardósia estende-se sobre uma largura de aproximadamente 200 jardas e consiste de massas irregulares e de inúmeros diques de granito, inseridas e cercadas por ardósia: na maioria dos diques variam em uma linha

---

[140] Em diversos lugares observei um granito com bolas de cor escura compostas de diminutas folhas de mica preta em uma base resistente. Em outro local, encontrei cristais de turmalina negra radiais a partir do centro. O dr. Andrew Smith encontrou em partes do interior do país alguns belos espécimes de granito, com mica prateada radiada, ou melhor, ramificada como musgo, a partir de pontos centrais. Na Geological Society existem espécimes de granito com feldspato cristalinos ramificados e radiais dessa mesma forma.

NW e SE, paralelas à clivagem da ardósia. Ao deixarmos a junção, camadas finas e por último meros filmes de ardósia alterada são vistos quase isolados, como se estivessem flutuando no granito com cristais grossos; porém, embora completamente isolados, eles mantêm traços uniformes da clivagem NW e SE. Esse fato tem sido observado em casos similares e tem sido avaliado por importantes geólogos[141] como um empecilho à teoria comum de que o granito teria sido injetado enquanto liquefeito; mas, se nós refletirmos sobre o estado provável da superfície inferior de uma massa laminada, como da ardósia, após ter sido violentamente arqueada por um corpo de granito fundido, podemos concluir que estaria cheia de fissuras paralelas aos planos de clivagem e que estas seriam preenchidos com granito, de modo que, onde as fissuras estiverem próximas entre si, algumas camadas ou cunhas de ardósia penderiam para dentro do granito. Deve ocorrer, portanto, que, no corpo todo de rocha, depois de desgastado e desnudado, as porções inferiores dessas massas inseparáveis ou cunhas de ardósia seriam observadas como se isoladas no granito; ainda, elas manteriam suas linhas próprias de clivagem, por terem estado unidas enquanto o granito estava fluido, com uma cobertura contínua de ardósia.

Seguindo em companhia com o dr. A. Smith, a linha de junção entre o granito e a ardósia, como estendia-se para o interior, em uma direção SE, chegamos a um lugar onde a ardósia estava convertida em um gnaisse perfeitamente caracterizado, de granulação fina, composto por feldspato granular amarelo-amarronzado, com abundante mica negra brilhante, comparado com a pequena quantidade e folhas excessivamente diminutas, que ocorrem na ardósia-argilosa brilhante; podemos concluir que esta foi formada por uma ação metamórfica, uma circunstância posta em dúvida por alguns autores em circunstâncias quase semelhantes. As lâminas de ardósia são retas e foi interessante observar que, ao assumir as características de gnaisse, elas se tornaram ondulatórias com algumas pequenas flexuras angulares, como as lâminas de muitos xistos metamórficos verdadeiros.

---

[141] Veja a teoria de M. Keilhau Theory em *Granite*, traduzido no *Edinburgh New Philosophical Journal*, vol. XXIV. p. 402.

Formação de arenito. Esta formação é responsável pela feição mais imponente da África do Sul. Os estratos são em muita parte horizontais e atingem uma espessura de aproximadamente 2.000 pés. O arenito varia em característica; contém pouca matéria terrosa, mas é frequentemente manchado com ferro. Algumas das camadas possuem granulação muito fina e são bastante brancas, outras são compactas e homogêneas como rochas quartzosas. Em alguns lugares observei uma brecha de quartzo, com os fragmentos quase dissolvidos em uma pasta silicosa. Amplos veios de quartzo, frequentemente contendo cristais grandes e perfeitos, são muito numerosos e é evidente em quase todos os estratos que a sílica foi depositada a partir de uma solução em quantidade extraordinária. Muitas das variedades de quartzito parecem bastante com rochas metamórficas, mas a partir dos estratos superiores que são tão silicosos quanto os inferiores, e em junções não perturbadas com o granito, que podem ser examinadas em muitos lugares, eu dificilmente posso acreditar que esses estratos de arenito foram expostos ao calo[142]. Sobre essas linhas de junção entre essas duas grandes formações encontrei em diversos lugares o granito deteriorado até a profundidade de algumas polegadas, sucedido por uma fina camada de argila ferruginosa ou por quatro ou cinco polegadas de espessura de cristais recimentados do granito, sobre a qual diretamente se sobrepõe a grande pilha de arenito.

O sr. Schomburgk descreveu[143] uma grande formação de arenito no norte do Brasil, sobrepondo-se a um granito, e que notadamente assemelha-se em composição e na forma externa do terreno a essa formação do Cabo da Boa Esperança. Os arenitos das grandes plataformas do leste australiano, que também se assentam sobre granito, diferem por conter mais matéria terrosa e menos silicosa.

---

[142] O reverendo W.B. Clarke, no entanto, defende, para a minha surpresa (*Geolog. Proceedings,* vol. III. p. 422) que o arenito em algumas porções é penetrado por diques graníticos: tais diques precisam pertencer a uma época totalmente subsequente àquela, quando o granito atuou sobre a ardósia.

[143] *Geographical Journal,* vol. X. p. 246.

Nenhum fóssil tem sido descoberto nesses três grandes depósitos. Finalmente, posso adicionar que não observei nenhum matacão de rochas transportadas por grandes distâncias no Cabo da Boa Esperança ou nas costas leste e oeste da Austrália, ou em Van Diemen's Land. Na Ilha norte da Nova Zelândia, notei alguns grandes blocos de *greenstone*, mas, se o depósito primário estava muito distante, não tive a oportunidade de determinar.

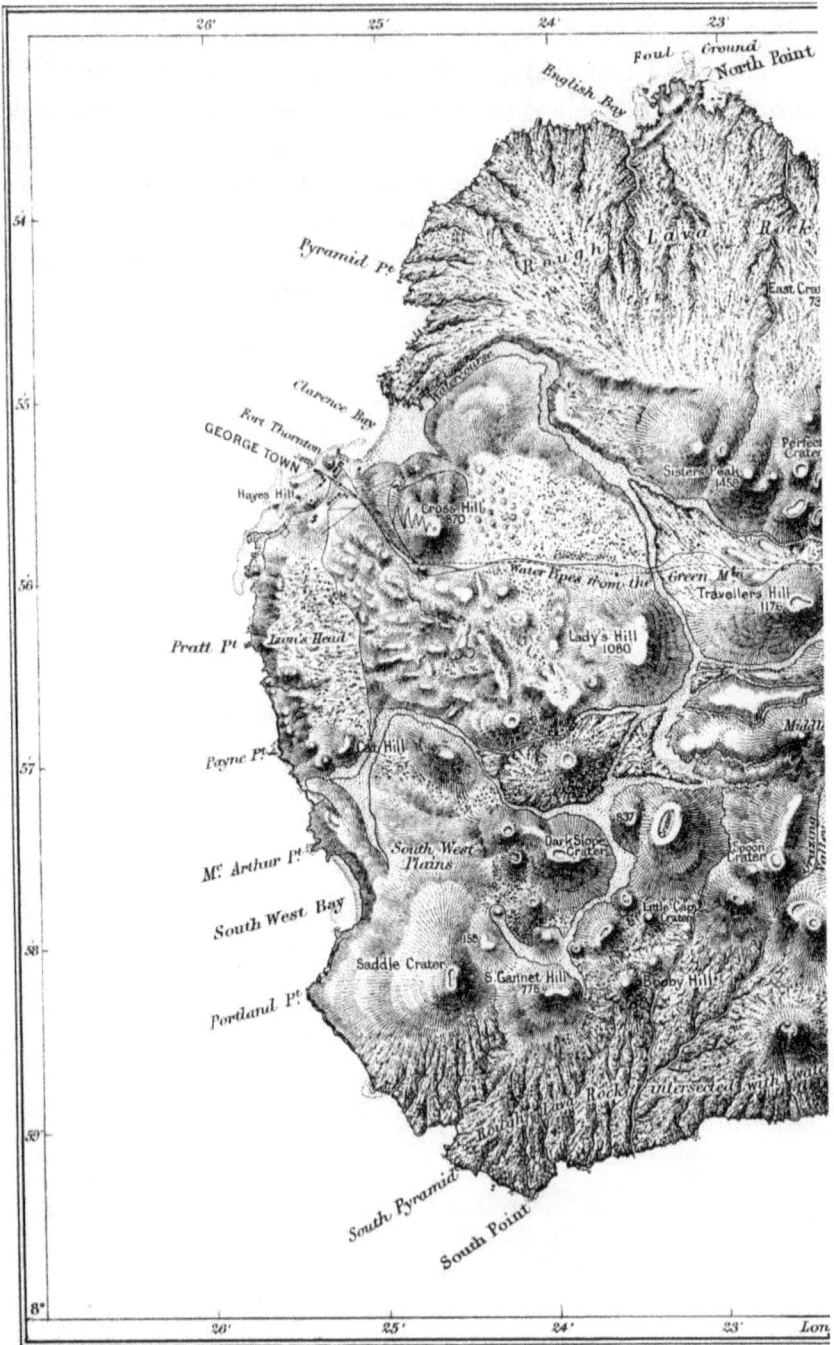

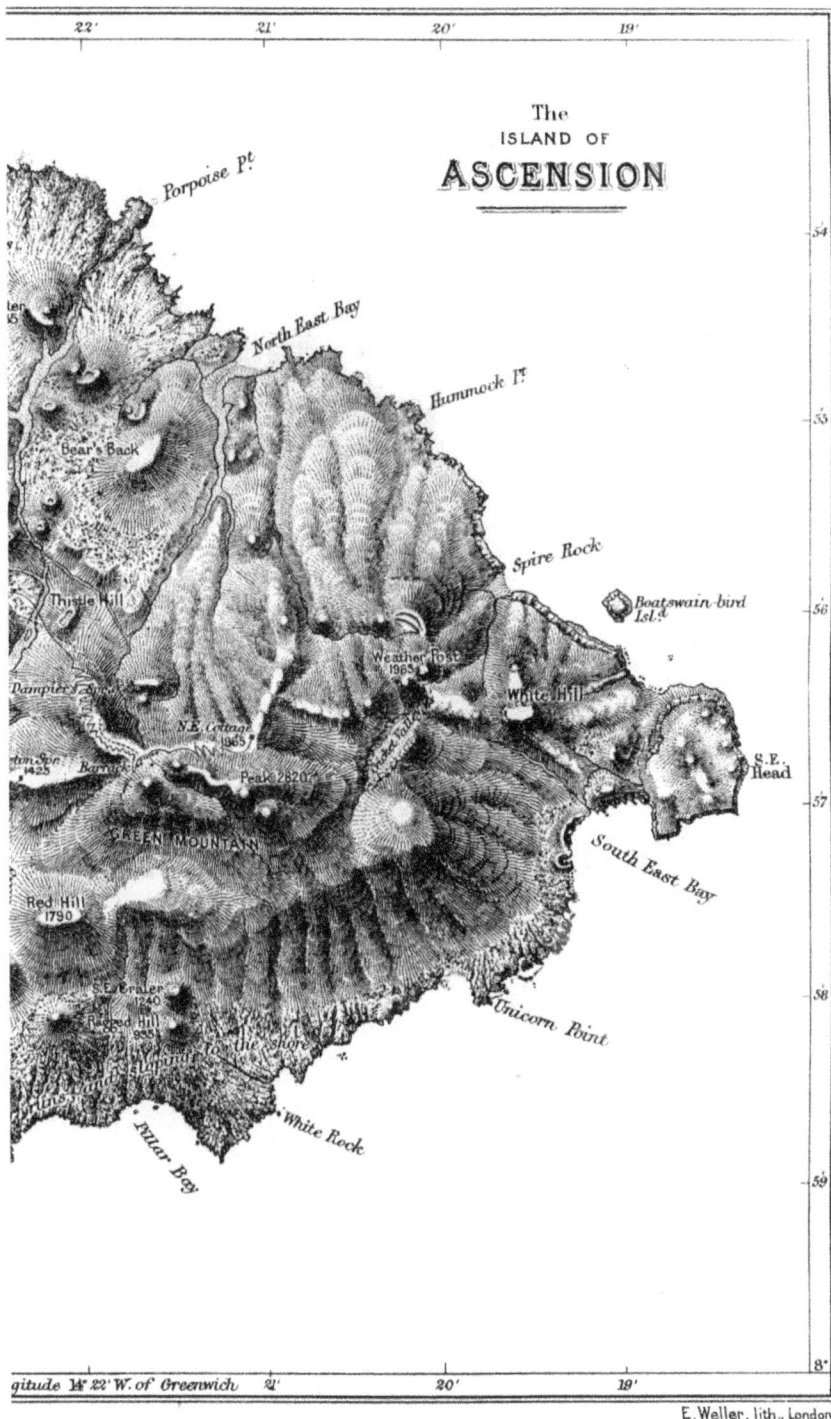

The
ISLAND OF
ASCENSION

E. Weller, lith., London.